资助项目：

1. 陕西省重点研发计划项目"沙地特色植物高效栽培及病虫害防控技术研究与示范"(2019TSLNY03–01)。

2. "陕西省林业科学院治沙研究所农业综合开发红枣示范基地"项目

3. 陕西省重点研发计划项目"特色沙生植物开发利用及其产业化示范"(2019TSLNY03–03)

科学治沙与沙地红枣生长研究

付广军　著

U0247090

西北农林科技大学出版社

图书在版编目（CIP）数据

科学治沙与沙地红枣生长研究 / 付广军著. — 杨凌:西北农林科技大学出版社, 2020.10

ISBN 978-7-5683-0879-3

Ⅰ.①科… Ⅱ.①付… Ⅲ.①沙漠治理—研究②枣—果树园艺 Ⅳ.①P941.73 ②S665.1

中国版本图书馆CIP数据核字(2020)第199051号

科学治沙与沙地红枣生长研究

付广军 著

出版发行	西北农林科技大学出版社			
地　　址	陕西杨凌杨武路3号		邮　编：	712100
电　　话	总编室：029-87093195		发行部：	029-87093302
电子邮箱	press0809@163.com			
印　　刷	陕西天地印刷有限公司			
版　　次	2020年10月第1版			
印　　次	2020年10月第1次印刷			
开　　本	787 mm×960 mm　1/16			
印　　张	14.25			
字　　数	240千字			

ISBN 978-7-5683-0879-3

定价：72.00元

本书如有印装质量问题，请与本社联系

科学治沙与沙地红枣生长研究
编 委 会

前言
preface

　　经济的发展和人类活动的增加给环境造成了一定的负担，在全球许多地区出现了沙漠化问题，这直接影响人们的生活质量，面对沙漠化问题必须采取科学的防沙治沙技术。在实际防沙治沙的过程中结合地区的实际情况改变传统的治沙模式，而代之生物措施和工程措施进行防沙治沙，不仅效果明显，同时也逐步地实现了造林面积的不断扩大。榆林地区沙漠广袤，气候干燥，适宜枣树生长。在沙地种植枣树，即可获得高的经济效益，又可防风固沙，改善生态环境。

　　基于此，笔者撰写《科学治沙与沙地红枣生长研究》一书。全书共设置五章，其中：第一章是沙漠与沙漠化及其防治经验，内容涉及沙漠的形成与演变、沙漠化成因、中国土地沙漠化现状与危害和中国防沙治沙回顾与展望。第二章解读植物防沙治沙技术；第三章围绕工程与综合防沙治沙技术展开论述；第四章从项目建设条件与建设方案、投资来源与保障措施、效益评价这几个角度探讨植物防沙治沙项目实践：沙地红枣精品示范园建设；第五章以水肥一体化技术进展现状与展望为切入，研究水肥一体化技术对沙地红枣生长效应的影响，内容包括试验材料与研究方法，水肥一体化对红枣生长、产量与品质的影响，水肥一体化条件下 Fe、Zn 肥对红枣生长及品质、产量的影响。本书有两大特点值得一提：第一，结构严谨，具有深刻的启迪性和可操作性。第二，注重内容的现实性和超前性，本书无论是对于理论的阐述还是对科学治沙的研究，求新、求实一直贯穿于本书的撰写主线。

本书是一部重要的应用基础理论著作，对沙漠学的研究以及沙漠化防治具有重要的理论价值与实践意义，可供从事干旱地区及风沙研究工作的地理、地质、林业、土壤、自然保护与道路建设等方面的科技工作者以及高等院校有关专业师生参考。

本书的撰写得到了许多专家学者的指导和帮助，在此表示诚挚的谢意。由于笔者水平有限，加之时间仓促，书中有不足之处在所难免，欢迎各位读者积极批评指正，笔者会在日后进行修改，使之更加完善。

作者

2019 年 9 月

目录
contents

▶ 第一章
沙漠与沙漠化及其防治经验

中国沙漠化研究伴随着北方干旱和半干旱区自然资源的开发与利用，多年的艰苦探索历程，为国民经济建设和我国沙漠科学体系的建立与发展做出了重要贡献。本章围绕沙漠的形成与演变、沙漠化成因、中国土地沙漠化现状与危害、中国防沙治沙回顾与展望展开论述。

第一节　沙漠的形成与演变

一、沙漠的形成

沙漠地区，气候干燥，雨量稀少，年降水量在 250 mm 以下，有些沙漠地区的年降水量更少至 10 mm 以下（如中国新疆的塔克拉玛干沙漠），但是偶尔也有突如其来的大雨。沙漠地区的蒸发量较大，远远超过了当地的降水量；空气的湿度偏低，相对湿度可低至 5%。气候变化颇大，平均年温差一般超过 30℃；绝对温度的差异，往往在 50℃以上；日温差变化极为显著，夏秋午间近地表温度可达 60℃至 80℃，夜间却可降至 10℃以下。沙漠地区经常晴空，万里无云，风力强劲，最大风力可达飓风程度。热带沙漠成因：主要受到副热带高压笼罩，空气多下沉增温，抑制地表对流作用，难以致雨。

若被高山阻隔、位处内陆或热带西岸，均可以形成荒漠。例如澳洲大陆内部的沙漠，就是因为海风抵达时，已散失所有水汽而形成的。有时，山的背风面也会形成沙漠。地球陆地的三分之一是沙漠，由环境和气候因素形成的沙漠主要分布在南北纬度 15°～35° 之间，集中分布于亚洲的中部和美国西部。

据统计，地球上沙漠面积约 1 535 万平方千米，占陆地的 10.3%，我国沙漠面积 116 万平方千米，占我国土面积的 12.1%。而且这个数字还在不断增大。

传统的观念认为，沙漠是地球上干旱气候的产物。北非的撒哈拉大沙漠、澳大利亚的维多利亚大沙漠、南亚的塔尔沙漠、阿拉伯半岛的鲁卡哈里沙漠都集中在赤道南北纬 15°～35° 间。这是因为地球自转使得这些地带长期笼罩在大气环流的下沉气流之中，气流下沉破坏了成雨的过程，造成了干旱的气候，形成了茫茫的大沙漠。

然而，这一理论并不能解释所有沙漠的成因，比如塔尔沙漠，它的上空湿润多水，而且当西南季风来临时，那里空气中的含水量几乎可与热带雨林相比，但它的地上却是沙土遍野。美国的科研人员认为，尘埃是形成沙漠的主要原因，可大量的尘埃又缘于何处呢？有的学者指出，塔尔沙漠的尘埃最初是由人类造成的，后来沙漠又加剧了它的密度。于是有人提出，人类才是破坏生态环境、制造沙漠的真正凶手。沙漠化，即植被破坏之后，地面失去覆盖，在干旱气候和大风作用下，绿色原野逐步变成类似沙漠景观的过程。土地沙漠化主要出现在干旱和半干旱区，形成沙漠的关键因素是气候，但是在沙漠的边缘地带，原生植被可能是草地，由于人为原因沙化了，这些人为的因素主要有以下几个方面：

（一）不合理的农垦

无论在沙漠地区或原生草原地区，一经开垦，土地即形成沙化。在 1958 到 1962 年间，片面地大办农业，在牧区、半农牧区及农区不加选择，乱加开荒，1966—1973 年，又片面地强调以粮为纲，说"牧民不吃亏心粮"，于是在牧区出现了滥垦草场的现象，致使草场沙化急剧发展。

沙荒地区开垦后，最初 1～2 年单产尚可维持 20～30 千克，由于风蚀严重，以后逐年连种子都难以收回，在这种情况下只有弃耕，加开一片新地，这样就导致"开荒一亩，沙化三亩"。据统计，仅鄂尔多斯地区开垦面积就达 120 万公顷，造成了 120 万公顷草场不同程度地沙化，这是形成荒漠化发生和发展的自然基础。产生土地荒漠化的自然原因包括干旱（基本条件）、地表松散物质（物质基础）、大风吹扬（动力因素）等。西北地区干旱半干旱的自然环境恰恰具有这些发生荒漠化的潜在自然因素。

本区荒漠类型多，面积广，就是与它所处的地理位置、气候条件、丰富的沙质来源和人类活动有关。首先，本区地处欧亚大陆的腹心。以乌鲁木齐为例，东距太平洋 4 400 多千米，西距大西洋约 4 300 km，南距印度洋 2 500 km，北距北冰洋 3 400 km，海洋水汽来源少，气候异常干旱，风力作用强盛，容易形成荒漠。其次，近 200 万年来，在内陆巨大的山间盆地和高原盆地中，堆积了厚度在 200 ～ 400 m 的河流和湖泊沉积沙层，其中乌兰布和沙漠沙层的厚度达 1 800 m，这些疏松沙质沉积物是形成浩瀚无垠的沙漠的丰富沙源。晚近地质时期（晚更新世到全新世初期）青藏高原的强烈隆升，使本区气候更趋干旱，也促使荒漠迅速发展。气候变化如气候脉动（干湿交替）和异常变化、水系变迁，以及战争、不合理土地利用等人为因素，也会使得荒漠面积扩大或强度增加。

气候因素对荒漠化进程的影响，尽管气候因素很难改变，人们还是可以通过生物和工程措施，减少荒漠化的危害。

产生荒漠化的人为因素包括过度农垦、过度放牧、过度樵采和不合理利用水资源等。从荒漠化和人类的关系来看，荒漠化的发生、发展和社会经济有着密切的联系，人类不合理的经济活动不仅是荒漠化发生的主要原因和活跃因素，同时人类又是它的直接受害者。

人类自身的再生产即人口增长过快也是荒漠化发生的重要原因。人口过多往往导致人们生活贫困，增大对现有生产性土地的压力。迫于生计，人们无可选择地被迫采取过度耕作、过度放牧、毁林和落后的灌溉方式等不可持续的土地利用形式，拼命开发现有的极少资源。例如，在过去的 30 年里，非洲大陆的人口增长率一直保持在 3% 左右，森林面积大约减少了一半，草地大约损失 7 亿多平方千米。我国西北地区很多地方也有类似的情况。

图1-1 干旱引起的荒漠化

荒漠化是人为因素和自然因素综合作用于脆弱生态环境的结果，荒漠化程度及其在空间上的扩展受干旱程度和人畜对土地压力强度的影响。其中，自然因素形成荒漠化的过程是极其缓慢的，自然地理条件和气候变异只是产生荒漠化的必要因素。在评价气候变化对荒漠化的影响时，主要是考虑干旱（见图1-1）程度的变化可以加速或延缓土地荒漠化的进程。

（二）过度放牧

由于牲畜过多，草原产草量供应不足，使很多优质草种长不到结种或种子未成熟就被吃掉了。另外，像占牲畜总数一半以上的山羊，行动很快，善于剥食沙生灌木茎皮，刨食草根，再加上践踏，使草原产草量越来越少，形成沙化土地，造成恶性循环。某区域草场其面积和产草量是相对固定的，一定面积上和一定的草量只能供养一定数量的牲畜，过度放牧超过了草场的承载能力而使草场植物不能恢复正常生长，造成草场退化，甚至半荒漠化、荒

图 1-2　过度放牧荒漠草原

漠化。过度放牧（见图 1-2）往往因牲畜密度过大，引起土壤板结而产草量减少，还可能导致草原植被结构破坏，即牲畜可利用牧草种群急剧衰败，而牲畜不可利用的其他植物种群却迅速旺盛起来，最终阻碍牧业发展。

（三）不合理的樵采

　　从历史上来讲，樵采是造成我国灌溉绿洲和旱地农业区流沙形成的重要因素之一。以鄂尔多斯市为例，据估计五口之家年需烧柴 700 多千克，若

图 1-3　森林退化和风蚀形成的荒漠景观

采油蒿则每户需 5 000 kg，约相当于 3 hm² 固定、半固定沙丘所产大部或全部油蒿。据统计，鄂尔多斯市仅樵采一项而使巴拉草场沙化的面积达 20 万公顷。土地荒漠化的形成是一个复杂过程，它是人类不合理的经济活动和脆弱的生态环境相互作用的结果。自然地理条件和气候变异为荒漠化形成、发展创造了条件，但其过程缓慢，人类活动则激发和加速了荒漠化的进程，成为荒漠化的主要原因。异常的气候条件，特别是严重的干旱条件，容易造成植被退化，风蚀加快，引起荒漠化（见图 1-3）。干旱的气候条件在很大程度上决定了当地生态环境的脆弱性，因而干旱本身就包含着荒漠化的潜在威胁；气候异常可以使脆弱的生态环境失衡，是导致荒漠化的主要自然因素。当气候变干时，荒漠化就发展；气候变湿润时，荒漠化就逆转。全球变暖、北半球日益严重的干旱、半干旱化趋势等都是造成荒漠化加剧的原因。

　　风成沙堆积形成的各种形态的沙丘，大部分不是孤立的，而是群集构成巨大的连绵起伏的沙海，即沙漠。关于世界上广袤千里的沙漠的成因，可概括为一句话，它是在干燥气候和丰富的沙漠沙物质来源等自然条件下，长期发展演变而形成的。

（四）滥用水资源

干旱半干旱及半湿润地区水资源总量主要来源于降水、地表径流和地下水，水资源较为贫乏，而多年来各地对水资源的利用缺乏科学管理，浪费严重，尤其是对河流上游灌溉缺乏严格的管理制度，致使水资源分配不均或大片土地水源短缺，结果是河流下游断水、地下水开采过度，造成一些地区生态用水困难，致使大面积天然植被干枯，林木死亡，土地沙漠化加剧（见图1-4）。

除上述情况外，人为活动还包括战争破坏水利设施，筑路、工业建设、采矿、建房以及机动车辆运输等活动，在干旱半干旱及半湿润的生态环境脆弱地区，也能导致土地沙漠化。

人为过度的经济活动，除了直接破坏生态环境，对沙漠化的自然因素起着诱发和促进作用外，一些学者还提出，由于过度放牧、不合理的耕作制度等引起的植被破坏，还能够导致局部和地表小气候的变坏，进而使沙漠化过程得到加强。因为多年生植被减少，无疑增加了地表对太阳辐射的反射能力（即增加反照率），促使地面和大气层相对变冷，减少了大气的对流，从而减少了降水。这就是所谓生物地球物理反馈机制。因此，查尼等人把人类对萨赫勒地区下垫面的直接影响，看作是20世纪六七十年代这一地区发生旱灾的原因。大气数值模拟研究结果证实，地面特性的变化可对萨赫勒的持续

图1-4 干涸的戈壁湖泊

图 1-5   用地下水浇灌的退化耕地

干旱起作用。例如,当地表反照率由 14% 增大到 35% 时,萨赫勒地区雨季的雨量会减少 40% 左右。

因此,土地沙漠化的原因十分复杂。沙漠化过程通常是一系列起因的结果,或者是由一种起因引起,同时也有其他因素加剧的,其成因在不同的时间、空间条件下是不同的。总体而言,历史时期土地沙漠化过程无疑主要受自然因素,尤其是气候变化的控制和影响,现代沙漠化过程则主要受人为因素的主导。但是,也不能忽视历史时期以人为因素为主导致的土地沙漠化和现代时期以气候变化为主导致土地沙漠化的事实的存在。

(五)干燥气候与沙漠风系

1. 干燥气候

可以这样说,沙漠是干燥气候的产物,干燥少雨是沙漠形成的必要条件。

造成气候干旱的原因主要有：①纬度和大气环流因素；②海陆分布和地势的影响。

从世界范围来看，由于太阳辐射自赤道向两极减少，以及地球的自转，在南北纬15°～35°之间的亚热带上空，生成了高气压带（称为副热带高压带），在高压带内对流层气柱下沉空气绝热增温，相对湿度减小，空气非常干燥；同时，下沉作用也抑制了大气对流和降雨；再则，这里又处于终年信风吹刮的区域，而信风是从高纬度吹向低纬度的干冷风，特别是大陆西岸的信风是背岸吹的，干旱尤甚。所以，亚热带（除季风区域外）通常大气很稳定，湿度低，少云而寡雨，形成地球上雨量稀少的"热带干燥气候"（也称"热带沙漠气候"）区。

北非的撒哈拉就是这种气候的典型代表。撒哈拉横贯非洲大陆北部，位于阿特拉斯山地和地中海以南，约北纬15°以北；西起大西洋东岸，东到红海之滨。东西长达5 600 km，南北宽度约1 500 km，面积近860万平方千米。整个撒哈拉处于北大西洋副热带的控制下（冬季撒哈拉本身为一冷高压，与强大的北大西洋副热带高压带连成一体），全年大部分时间盛行哈马丹风及东北信风。而哈马丹风及东北信风是大陆气团，又是从较凉的高纬度地区吹向较热的低纬度地区，在移动过程中气温不断升高，使水蒸气难以凝结。正因为撒哈拉地区终年为高压主宰，空气下沉甚强，盛行干燥的哈马丹风和东北信风，因而降水稀少。即使夏季地面强烈增温，出现热低压，但内陆和北部也仍然少雨。所以，致使撒哈拉成为世界上最大的、最典型的热带干燥气候区。

撒哈拉的干燥气候突出地表现为降水少、湿度低。

降水少：撒哈拉除边缘地区外，绝大部分地区平均年降水量都低于50 mm，内陆有些地方在5～10 mm以下，甚至出现多年滴水不降的无雨区。例如，位于内陆地区的阿尔及利亚的艾因萨拉赫的平均年降水量为16.6 mm；而埃及的阿斯旺和达赫拉绿洲则分别只有1.4 mm和0.4 mm；苏丹的瓦迪哈勒法更少至0.1 mm。

湿度低：夏季大部分地区相对湿度低于30%；冬季稍高些。如埃及的阿斯旺，1月平均相对湿度为46%；5月的午后相对湿度只有15%，有时甚至低到2%；7月为30%。又如阿尔及利亚的艾因萨拉赫，冬季平均相对湿度为45%，夏季只有20%，最低时仅2%～3%。

撒哈拉地区少雨、低湿度的极端干燥气候，就为其形成大大小小的沙漠创造了条件。至于海陆分布和地势影响因素导致干燥气候的形成，可以我国塔里木盆地平原地区为例。塔里木盆地位于北纬36°30′～41°50′之间的温带地区，按其纬度来说，本来不应该成为干燥气候区域，其干燥气候的形成，无疑与远离海洋和受巨大青藏高原地势独特作用的影响有关。但它们也只有通过环流因子的影响才能显示出来。

从上新世末到更新世初，特别是中更新世以来的地壳运动（包括印度板块向北运动对亚洲大陆的水平推移），我国西北已发展成为广袤的内陆，而塔里木则成为巨大的内陆盆地。这样，远距海洋深居内陆的塔里木盆地，冬季在西伯利亚—蒙古冷高压控制下，气候异常干冷；夏季，有高山、高原屏障，湿润的东南与西南季风也难以到达。另外，还由于青藏高原上空近地面层为一强大的热低压所控制（高空为高压），低压中的上升气流必然会在其四周辐散下沉，因而诱发出高原四周（尤其是高原北侧）的高压带。塔里木盆地位于高原北侧，成为这一高压带上的三个高压中心之一（另两个高压中心为我国的河西走廊和苏联中亚）。从经向垂直环流看，它正处在高原上空上升气流的补偿下沉区，更导致高温少雨。因此，塔里木盆地平原地区终年处在干燥的情况下，形成了世界上最大的、典型的"温带内陆干燥气候"区。这里的年降水量都在50 mm以下，有的地方甚至不足20 mm。极端干旱的气候为塔克拉玛干沙漠的形成、发展提供了必要条件。

造成气候干旱的原因，除了上述两个主要因素外，还有其他原因。如寒流的影响。寒流通常是在大陆西岸自较高纬度流向低纬度，水温低于周围海水的一种洋流。而且伴随着它的还有较深处冷水的上涌。在寒流的水面上，不仅使越经其上的气团所吸收的水汽受限，而且会使气团下层的气温降低，产生逆温现象，所以不易降雨；但空气中相对湿度增大，在近海一带可凝结为云雾，使沿海地区形成多雾而又十分干燥的"西海岸沙漠气候"。例如，南美西海岸的秘鲁和智利北部，因位于副热带高压的东缘，下沉空气本来就是干燥的，再加上沿海有盛行的秘鲁寒流行经，且近岸处有冷水上泛。当寒冷的洋面从其上空大气层吸收热量后，便使下层空气形成一个稳定的大气逆温层，从而难以致雨，形成多雾的且是世界上最干旱的海岸沙漠气候区。其年降水量一般不及 50 mm，甚至连续几年滴水不降。如智利北部的伊基克曾有连续 14 年无雨，25 年平均年降水量为 1.25 mm 的记录；阿里卡 43 年的平均年降水量仅为 0.5 mm。又如纳米比亚沿海也存在多雾少雨，气候十分干旱的现象，其原因亦与该地区深受本格拉（Benguela）寒流的影响有关。阿塔卡马沙漠和纳米布沙漠就是在这种西海岸沙漠气候的背景下形成的。沙漠（Desert，Sandy desert）是指干旱气候区（C.W.Thornthwaite，湿润指数小于 0.20）地面覆盖着由石英等细小矿物颗粒组成的松散聚集物，在风的吹扬下形成大小、形态各异的沙丘，沙丘之间呈面积不等的丘间低地，构成了连绵起伏的浩瀚沙海。目前全世界沙漠面积约有 3 140 万平方千米，约占全球陆地总面积的 21%。沙漠的类型主要有热带沙漠、亚热带沙漠和温带沙漠三种。

撒哈拉沙漠（Sahara Desert）形成于约 250 万年前，是世界仅次于南极洲的第二大荒漠，面积约 906 万平方千米，是世界最大的沙质荒漠。撒哈拉沙漠位于非洲北部，该地区气候条件非常恶劣，是地球上最不适合生物生存的地方之一。"撒哈拉"在阿拉伯语中称为"萨赫勒"，意思是"沙漠之边"，北起非洲北部的阿特拉斯山脉，南至苏丹草原带，宽 1 300 ~ 2 100 km；西自大西洋边，东达红海沿岸，长 4 800 km，面积达 900 多万平方千米，占据了世界沙漠总面积的三分之一，同时也占据了非洲大陆总面积的三分之一。撒哈拉沙漠主要的地形特色：高地多石，山脉陡峭，遍布沙滩、沙丘和沙海。沙漠中最高点为海拔 3 415 m 的库西山（Kousi）山顶，位于乍得境内的提贝斯提山脉；最低点为海平面以下 133 m，在埃及的盖塔拉洼地（Qattara Depression）。撒哈拉沙漠约在 500 万年以前即在上新世早期（530 万—340 万年前）就以气候型沙漠形式出现，从那时起，它就一直经历着干、湿气候的变动。

撒哈拉沙漠气候条件极其恶劣，是地球上最不适合生物生长的地方之一。撒哈拉沙漠是世界上阳光最充足的地方，也是世界上最大和自然条件最为严酷的沙漠。撒哈拉沙漠由两种气候所主宰，北部是干旱副热带气候，南部是干旱热带气候。年平均日气温约 20℃。平均冬季气温为 13℃，夏季极热。利比亚的阿济济耶（Al-Aziziyah）最高气温曾达到创纪录的 58℃。年降水量为 76 mm，降水变化极大，多数降水发生在 12 ~ 3 月期间。另一降水高峰期是 8 月份，以雷瀑形式为其特征。

撒哈拉沙漠的土壤有机物含量低，且常常无生物活动，洼地的土壤常含盐。沙漠边缘的土壤则含有较集中的有机物质。撒哈拉沙漠干旱地貌类型多种多样，由石漠（岩漠）、砾漠和沙漠组成，其中沙漠的面积最为广阔，除少数较高的山地、高原外，到处都有大面积分布。

撒哈拉沙漠植被稀少，高地、绿洲洼地和干河床四周散布有成片的青草、灌木和树林。在含盐洼地发现有盐土植物（耐盐植物），在缺水的平原和撒哈拉沙漠的高原有某些耐热耐旱的青草、草本植物、小灌木和树木。撒哈拉沙漠高地残遗木本植物中重要的有油橄榄、柏。高地和沙漠的其他地方发现的木本植物有金合欢属（*Acacia*）和蒿属（*Arte-misia*）植物、埃及姜果棕、夹竹桃、海枣和百里香。西海岸地带有盐土植物诸如怪柳（*Tamarix senegalensis*）等。草类在撒哈拉沙漠广泛分布，主要包括下列三大属：三芒草属（*Aristida*）、画眉草属（*Eragrostis*）和黍属（*Panicum*）。大西洋沿岸则有獐毛（*Aeluro-puslitoralis*）和其他盐生草类。各种短生植物组合构成重要的季节性草场，称作短生植被区。

撒哈拉沙漠气候炎热干燥。在这极端干旱缺水、土地龟裂、植物稀少的地方，竟然曾经有过繁荣昌盛的远古文明。据考证，沙漠上许多绮丽多姿的大型壁画，距今约三四千年。撒哈拉曾经不是沙漠而是草原和湖泊，约六千多年前曾是高温和多雨地区，各种动植物在这里大量繁殖。只是到公元前 200 至公元 300 年，气候发生了巨大的变化，昔日的大草原才终于变成了沙漠。

阿拉伯沙漠（Arabian Desert）位于北非撒哈拉沙漠的东缘部分，在埃及东部，遍布于尼罗河谷地、苏伊士运河和红海之间，又称东部沙漠。面积达 233 万平方千米，为世界第二大沙漠，中部有马阿扎高原，东侧有沙伊卜巴纳特山、锡巴伊山、乌姆纳卡特山等孤山，南部与苏丹的努比亚沙漠相连，大部分为海拔 300～1 000 m 的砾漠以及裸露的岩丘。

阿拉伯地形为几座山脉所切断，海拔最高点达 3 700 m，三面以高崖为界。全区至少有 1/3 被沙覆盖，包括鲁卜哈利沙漠，这里是公认的地球上气候最不适宜人居住的地方之一。这里没有常流的河水，不过东北部的底格里斯和幼发拉底河却是终年不竭。

　　阿拉伯沙漠从北纬 12°～34° 线整整跨越 22 个纬度，尽管沙漠的大部分在北回归线以北，但它还是被视为热带沙漠。夏季酷热，有些地方气温高达 54℃。内陆干热，尚可忍受。然而，沿海地区和一些高地受夏季高湿影响，夜间或清晨有露水或雾。整个沙漠的年平均降水量不足 100 mm，但其幅度却在 0～500 mm 之间。除了冬季断续降雨、春季阴霾或沙尘暴之外，内陆天空通常是晴朗的，最冷的天气出现在高海拔地带和最北部。

　　沙漠植物种类繁多，主要为旱生或盐生植物。春雨之后，长期埋藏的种子在几个小时内发芽并开花，致使通常荒芜的砂砾平原变绿。即使燧石平原也会在深冬初春长出牧草。这些平原曾是驰名的阿拉伯马的故乡，然而牧草总是过于短缺，难以供养大量马匹，所有的牧区均被过度放牧，因而形成如今大片的荒芜地带。生长在盐沼的盐生植物包括许多肉质植物和纤维植物，可供骆驼食用。在沙质地区生长的莎草是一种深根性的强韧植物，有助于保持水土流失。在绿洲边缘往往可以看到柽柳，这些植物有助于防止沙土侵入。

　　从更新世早期就有人居住在阿拉伯沙漠。人工制品已经被广泛发现，包括在卡达和杜拜的新石器时代的遗址，以鲁卜哈利沙漠西南部最为丰富。由沙乌地阿拉伯政府资助的考古研究已经发掘出许多旧石器时代的遗址，过去 3000 年间的文化遗迹出现在半岛的许多地方。贝都因人曾是以氏族部落为基本单位在沙漠旷野过着游牧生活的阿拉伯人，他们以饲养骆驼、阿拉伯马和绵羊来适应沙漠游牧生活，也种植海枣和其他作物，以雇佣他人从事农业劳动为主。随着现代文明的形成，许多贝都因人已迁入城市地区，纯游牧民族的数量只占沙漠全部人口的一小部分。

　　北美沙漠（North American Desert），位于北美大陆西侧南北延伸的不规则荒凉辽阔地带，北起俄勒冈和爱达荷州南部，南至墨西哥北部，大致在东界洛矶山脉高大屏障、西临肥沃的太平洋沿岸山脉之间的屏蔽少雨的山涧地区。该地区面积为 130～190 万平方千米。这一广袤地区，自然地理和人类利用情况存在巨大的内在差异，但普遍的干旱促使这一地区形成了沙漠统一的整体。整个地区蒸发量超过降水量，气温变化剧烈，多风，有区域性风暴，侵蚀严重，日照强烈的地貌占主导地位。

　　按纬度、高度、气候、地形、植被、土壤以及人类利用情况，北美沙漠可分为中纬度冷沙漠和中纬度热沙漠。北美大陆所有的大沙漠均与美国西部和墨西哥北部的山间盆地和山脉地区有关。属中纬度冷沙漠的大盆地沙漠，位于内华达州全境、犹他州北部及周围各州，在地貌学上属于大盆地类型。大盆地沙漠构成了盆地和山脉区的绝大部分，其中包括俄勒冈州东南部的大沙漠、爱达荷州南部的蛇河平原、内华达州西北部多火山的布拉克罗克沙漠和犹他州西部的大盐湖沙漠。怀俄明州南部的雷德沙漠和亚利桑那州多色沙漠（Painted Desert）通常被认为不属于地貌学上的大盆地，但有时被视为大盆地沙漠的延续。中纬度较热的沙漠地区位于加利福尼亚州大盆地与莫哈维沙漠未确定的边界附近，是一片烈日炎炎景象的死谷，谷底最深处低于海平面 86 m，为北美大陆最低点。莫哈维沙漠东南面与索诺拉沙漠（The Sonoran Desert）相接。索诺兰沙漠覆盖了加利福尼亚的大部分地区，并沿加利福尼亚湾南部下至墨西哥的索诺拉州。索诺兰沙漠包括尤马（Yuma）沙漠和科罗拉多沙漠，东面为巨大的奇瓦瓦沙漠。

北美沙漠气候严酷，温差大，无云天数多，太阳辐射强度高，罕见强烈的暴风雨，狂风经常卷带沙尘，相对湿度低，水蒸发或升华快。按地区不同有几个特定气候带：大盆地和多色沙漠属温带，索诺兰沙漠西部和奇瓦瓦沙漠北部属亚热带，索诺兰沙漠海湾沿岸为热带。北部各沙漠（如布拉克罗克沙漠）年平均温度约 9℃，索诺兰沙漠为 23℃，死谷底部为 25℃。年降水量各地不同，大盆地沙漠 150～300 mm，雷德沙漠和多色沙漠 250～275 mm，索诺兰沙漠 200～450 mm，奇瓦瓦沙漠部分地区 300～350 mm。降水具有季节性，一般呈不规则、分散或为大阵雨。风有定向，风速平均每小时 11～14 km。平均相对湿度一般低于 50%（死谷为 20%），但 10% 以下的相对湿度经常可见。生长期由北部各沙漠的 90～140 天到索诺兰沙漠海湾沿岸部分和下加利福尼亚半岛的 300 天以上不等。

北美沙漠，它不是那种寸草不生的流动沙山，而是固定和半固定的沙丘，其面积占整个沙漠面积的 97%。固定沙丘上植被覆盖度 40%～50%，半固定沙丘达 15%～25%，为亚洲中部灌木漠的主要部分，是优良的冬季牧场。埋藏的古冲积平原和古河湖平原，富有巨厚的第四纪松散沉积，淡承压水丰富，虽有沙漠之名，但是生机盎然，生存的植物多达 300 种以上。

北美沙漠有种类丰富的昆虫，其中蚱蜢有时多到破坏程度。蜥蜴、蛇和其他爬虫类最为常见，它们靠植物的汁液和吞食动物以取得水分。沙漠中的鸟类也与此类似，它们吞食昆虫和蜘蛛来获取水分，因而大多可以不靠水源，在沙漠中到处可见。锯齿类（包括小鼠、大鼠和松鼠）、兔子和蝙蝠是最为众多的哺乳动物，它们主要在夜间出来活动，白天高温时则躲在地底下，而且和鸟类、爬虫类一样，从食物中获取水分。食物链再往上一层是诸如丛林狼、红猫、狐狸和北美臭鼬之类的食肉动物；沙漠中最大的哺乳动物是在海拔较高处生存的大角羊。保护色（通常极为复杂）是沙漠动物的一大特色。

澳大利亚沙漠（Australian Desert）是澳大利亚最大的沙漠，为世界第四大沙漠，它由大沙沙漠、维多利亚沙漠、吉布森沙漠、辛普森沙漠组成，位于澳大利亚西南部，面积约155万平方千米。

澳大利亚是世界上唯一一个占有一个大陆的国家，虽四面环海，但气候非常干燥，荒漠、半荒漠面积达340万平方千米，约占国土总面积的44%，成为各大洲中干旱面积比例最大的一个洲。其主要原因是：①南回归线横贯大陆中部，大部分地区终年受到副热带高气压控制，因气流下沉不易降水。②澳大利亚大陆轮廓比较完整，无大的海湾深入内陆，而且大陆又是东西宽、南北窄，扩大了回归高压带控制的面积。③在地形上高大的山地大分水岭紧临东部太平洋沿岸，缩小了东南信风和东澳大利亚暖流的影响范围，使多雨区局限于东部太平洋沿岸，而广大内陆和西部地区降水稀少。④广大的中部和西部地区，地势平坦。西部印度洋沿岸盛吹离陆风，沿岸又有西澳大利亚寒流经过，有降温减湿的作用，所以澳大利亚沙漠面积特别广大，而且直达西海岸。

澳大利亚大陆北部以季风为主，夏季降水；在南半部，夏季干旱，冬季降水。大陆边缘降水较少，越往内陆内部，雨量越少。南部冬季雨水达不到南纬28°，北半部夏季雨水达不到南回归线以南，所以处于南回归线与南纬28°之间的地区多为沙漠。澳大利亚沙漠雨水稀少，干旱异常。澳大利亚沙漠，属大陆性热带气候。夏季（12月至翌年2月）平均气温达30℃以上，冬季（6～8月）平均气温15～18℃。

澳大利亚由于长期和其他大陆隔开，澳大利亚动物种群与其他大陆动物种群差异很大，沙漠地区尤其如此。有特有科和特有亚科许多特有属，特有种占90%，其余也多为特有亚种。澳大利亚沙漠没有世界广为分布的多种动物，如没有食肉目、有蹄类、食虫目和兔形目的代表种，鸟类无沙鸡科、雉科、蜂虎科、雀科，爬行动物中没有蜥蜴科、游蛇科，啮齿目只有鼠科的一些种。

阿塔卡马沙漠（Atacama Desert），位于南美洲西海岸中部，在安第斯山脉和太平洋之间，南北绵延约 1 000 km，总面积约为 18.13 万平方千米，主体位于智利境内，也有部分位于秘鲁、玻利维亚和阿根廷，介于南纬 18°～28° 之间，南北长约 1 100 km，从沿海到东部山麓宽 100 多千米。在副热带高气压带下沉气流、离岸风和秘鲁寒流综合影响下，使本区成为世界最干燥的地区之一，被称为世界的"干极"，且在大陆西岸热带干旱气候类型中具有鲜明的独特性，形成了沿海、纵向狭长的沙漠带。

阿塔卡马沙漠中有超过200多种植物的花，大多数都是此地区特有的物种，不同的花会相继绽放，并伴随着昆虫、鸟类与蜥蜴的繁殖。

在"干极"阿塔卡马沙漠，大自然的鬼斧神工塑造出了迷人景致。宽广的盐碱地和永恒的雪火山远远望去别具一格。沙漠中还有一片区域，其地理构造如同月球一样，因此被地理学家赋予了一个美丽的名字——月亮谷。人们可以在那里欣赏美丽的落日和由盐渗透、侵蚀而成的天然雕塑。许多过惯了多雨生活的人慕名去当地感受"干旱"的滋味，阿塔卡马沙漠也因此成为智利的旅游胜地，每年吸引着众多来自世界各地的游客。

巴塔哥尼亚沙漠（Patagonia desert），位于南美洲南部的阿根廷，在安第斯山脉的东侧，面积约 67 万平方千米。巴塔哥尼亚一般是指南美洲安第斯山以东，主要位置在阿根廷境内，小部分则属于智利。在西班牙语中，"巴塔哥尼亚"是"巨足"的意思。1519 年，麦哲伦环球旅行到达今天的里瓦达维亚海军准将城附近的安东尼奥·皮加费塔，看到当地土著居民——巴塔哥恩族人脚穿胖大笨重的兽皮鞋子，在海滩上留下巨大的脚印，便把这里命名为巴塔哥尼亚。

巴塔哥尼亚沙漠北起南纬36° 的科罗拉多河，南到火地岛，西接安第斯山，东临大西洋。面积 786 938 平方千米，占巴塔哥尼亚全国领土的28%，包括内乌肯、里奥内格罗、丘布特、圣克鲁斯 4 省和火地岛区，是个自然地理环境比较独特的地方。

巴塔哥尼亚沙漠气候条件恶劣，素有"风土高原"之称。受大陆面积狭窄、居安第斯山背风位置及沿海福克兰寒流等的综合影响，荒漠直抵东海岸，但大陆性特征不是很强烈，冬夏没有极端的低温和高温，7月份均温为 0～4℃，1月份均温为 12～20℃。降水稀少，全区年均降水量不超过 300 mm，并呈自西向东递减趋势。风力强盛，尘暴不断。

巴塔哥尼亚沙漠水文状况独特，虽然荒漠广布但内流区域狭小，内流区仅局限于内格罗河与丘布特河之间狭小地区。其余地区河流因受山地冰雪融水或冰蚀湖供给水源而成为过境外流河。受干旱气候制约，众多河流中仅有科罗拉多河、内格罗河、丘布特河水量充沛，可航运、灌溉、发电。成为巴塔哥尼亚发展农、牧、林各业的河谷平原基地。

纳米布沙漠（Namib）亦译那米比沙漠，位于非洲西南部大西洋沿岸干燥区，是世界上最古老、最干燥的沙漠之一。在纳米比亚和安哥拉境内，起于安哥拉和纳米比亚的边界，止于奥兰治河，沿非洲西南大西洋海岸延伸2 100 km，该沙漠最宽处达 160 km，而最狭处只有 10 km。纳米布沙漠是一个凉快的沿海沙漠，全长 1 900 km，从安哥拉的那米贝沿着大西洋岸边向南穿过那米比亚到达南非开普省的象河，伸及内陆 130～160 km 直至大陡崖山脚，南面部分在陡崖顶上高原处与安哥拉合为一体。它的名字意为"一无所有的地方"。

纳米布沙漠气候极为干燥，沿岸的年降水量不到 25 mm，常常是暴风雨骤然降临，而全年则往往无雨。湿度来自夜间所形成的露水以及每隔 10 天左右夜间吹入海岸的雾霭，有时可深入内陆 50 km。沿海地区几乎完全无雨，空气几乎总是达到或近饱和点。寒冷的本吉拉洋流沿着海岸向北流动，促使它上面的空气变冷从而产生雾。海滨的日夜或冬夏气温很少有变化，气温通常总在 10～16℃之间。沿着内陆边缘，夏日气温正常的可达31℃。罕见的雨通常以短暂的暴风骤雨的方式倾泻而下，但是在有些年头却滴雨不下。

纳米布沙漠绝大部分完全无土壤，表面为基岩。其他一些地方覆盖着流沙。纳米布沙漠的可耕地限制在洪泛区和主要河流的阶地，时常遭受泛滥之灾。

在 20 世纪之前就有商人来纳米布沙漠漫游，并沿岸搜集可食之物，还在内纳米比狩猎，从札马瓜中取苦汁当水喝。曾有小股赫雷罗人在考克兰区的沙漠水洼地饲养牛羊，过着传统游牧生活。少数科伊人也将他们的羊只放牧在奎斯布河附近。纳米布沙漠的一大部分土地都未被利用，也无人居住，原住民都离开了他们原来的住处去追求新家和新的生活。在沙漠南半部的最深处，干枯的草原已被私人牧场所瓜分，牧场都由欧洲人经营，雇用当地劳力，热衷于饲养卡拉库尔羊。

2. 沙漠风系

沙漠是干旱气候的产物，然而，风沙活动、沙丘发育和沙漠的形成有赖于风的作用，风是其形成的动力。对世界沙漠的形成分布有重要影响的大尺度（> 106 m）风系主要有四种：信风、季风、大陆和极地反气旋及西风。

信风（trade wind）：是热带沙漠上空最广泛的风系统，是赤道与南北纬30°之间的低空副热带高压槽（反气旋）引起的风系。在北半球信风围绕反气旋槽向顺时针方向吹，在南半球则向着反时针方向吹。在南北两个半球反气旋槽均向东倾斜，所以，东侧的风比西侧强。

在冬季，当高压槽在冷大陆得到充分发展时，由这种陆地反气旋驱动的信风可达到最大强度，影响可达赤道附近；夏季，当陆地高压系统被低压取代时，陆地信风便减弱到中等强度。撒哈拉的沙漠，是受这种陆地反气旋驱动的信风影响最显著的地区。强大的哈马丹风和东北信风，不但搬运了大量的沙子，并决定了沙漠沙丘的基本形态及其排列分布；同时，还把大量的沙漠尘埃带入大西洋。

澳大利亚大陆沙丘在沙漠东缘形成了一个大的环形带，南部非洲的卡拉哈里沙漠的沙丘分布也呈现环带状，无不与高压槽反气旋的信风系统有密切联系。

海洋反气旋比陆地反气旋更稳定，因而经常给西部热带海岸带来较强的信风。它们可以达到南纬25°～35°之间的秘鲁和智利海岸、纳米比亚海岸和西澳大利亚的西北海岸。亚速尔反气旋形成了从摩洛哥到达喀尔和加那利群岛之间的撒哈拉大西洋沿岸的强风。这一反气旋也产生了吹过委内瑞拉和哥伦比亚北部海岸的信风。所有这些海洋反气旋信风，无不对当地沙漠和海岸沙丘的形成分布起重要作用。

季风是由于海陆热力差异，或行星风带随季节移动，引起的盛行风随季节而改变的现象。季风在亚洲大陆是最强盛的。夏季，亚洲大陆腹地加热产生了低压，从而吸引了来自西南太平洋、南海、孟加拉湾和印度洋的高压吹来的东南季风和西南季风。东亚的东南季风一直可以伸入中国内陆的甘肃河西地区，对我国东部沙区各沙漠（沙地）和沙丘的形成、运动产生了重要的影响。南亚的西南季风吹过阿拉伯半岛东端的沙漠区，巴基斯坦南部和印度西部的塔尔沙漠，决定了该些沙漠的沙丘形态及其分布。北非撒哈拉南部的萨赫勒（sahel）地区主要受几内亚湾季风作用，通常为西南风；此季风强度较弱，只能到达北纬20°的地区。

大陆和极地反气旋又称亚洲反气旋（Asiatic Anticyclone），在辽阔的亚洲大陆形成了沙漠地区的独特风系。冬季，在西伯利亚—蒙古上空形成了强大的冷高压，高压反气旋的风往南吹，遇到祁连山西部突出部的阻挡，以马鬃山为界分为东西两支，西支吹入塔克拉玛干沙漠、古尔班通古特沙漠东部和中亚卡拉库姆沙漠地区，表现为东北风和东风；东支吹经阿拉善、鄂尔多斯到达华北和东北西部的沙漠（沙地），为西北、西和西南风。这些风在春季和初夏强度最大。

西风（westerlies）是对中纬度沙漠地区有较大影响的风系。在冬季，西风的影响会波及赤道地带，夏季则向极地一侧后退。因南半球的极地－赤道间温度梯度较陡，所以，南半球的西风比北半球要强，在澳大利亚，西风盛行于30°～33°以南的地区，特别是马利地区。在北半球的高层，西风绕行于地球上的广大地区。北纬45°～60°之间，地面的西风带的低压会移过地中海和中东地区，并引起强西南风吹过沙漠北缘。在冬季，会影响北纬30°以南的撒哈拉和阿拉伯地区。冬季的西风和夏季的信风相互作用，引起了撒哈拉和阿拉伯沙漠北缘的复杂风系。在北美的内陆沙漠，也会受到东移的西风槽的影响，特别是冬季。它们有时可以到达亚洲反气旋的边缘，并对中国最西部的塔里木盆地和准噶尔盆地的沙漠产生影响，甚至可以到达巴丹吉林沙漠。在西风带和反气旋东风带之间的边界区，风况及沙漠沙丘形态更加复杂。西风有时会给沙漠地面带来强风，造成扬尘天气。如在地中海地区，西罗科风、基布利风和干热的喀新风在5～6月间非常频繁，它们把北非撒哈拉的尘土带到了欧洲和中东。

二、沙漠沙的来源

干燥少雨是形成沙漠的必要条件，但气候干旱也不一定都会有沙漠。例如，我国的新疆东部和阿拉善高原西部及其边缘高地，塔里木盆地、柴达木盆地和河西走廊的山麓地带，年降水量多不足 100 mm，气候也很干旱，但并不是沙漠区，而是被削平的秃露基岩或岩屑、砾石遍布的戈壁。又如，在气候极端干旱的阿拉伯半岛，在 275 万平方千米面积中，沙漠所覆盖的面积只有 78 万平方千米，约占 1/3；在撒哈拉，沙漠面积也仅占 20%，而大部分地区都是岩漠和砾漠。因此，沙漠的形成除了干旱气候条件外，还必须有丰富的沙漠沙物质来源，也就是说，丰富的沙源是沙漠形成的物质基础。

沙漠沙物质的来源和古地理环境有着密切的联系。在干燥气候区，能提供丰富沙物质来源的主要有两种类型的构造—地貌单元：一是巨大的内陆（断陷或凹陷）盆地，如我国的塔里木盆地、准噶尔盆地和苏联中亚的图兰低地等；二是干燥剥蚀高原（地台或地盾式的构造高原），特别是其间的山地（或高地）的山前平原及局部陷落洼地（或盆地），如撒哈拉的阿特拉斯撒哈拉山和塔德迈特高地的山前平原、伊加加尔盆地、西撒哈拉盆地和费赞盆地等。

巨大的内陆盆地都属山间盆地，四周是高山和山原，地势高寒，降雨、降雪丰沛，终年白雪皑皑，冰川四射。由于高山气候严寒，昼夜温度变化剧烈，极易使山地岩石风化（热力和寒冻风化）破坏；再加上强烈的冰川活动，就在山坡上和沟谷里布满了岩石风化破坏的产物——砾石和沙子。盛夏高山冰雪消融，融水形成的大小河川，把山地大量的岩石破坏物质（沙砾）挟带搬运到盆地里堆积，形成巨厚的河流冲积层，或者河湖相沉积地层。这些沙质沉积物在干燥的气候条件下，被风吹蚀就地为沙漠沙提供了丰富的沙源。例如，塔里木盆地的塔克拉玛干沙漠就是这样形成的。

塔克拉玛干沙漠位于塔里木盆地的中央，覆盖在巨大的古塔里木平原上。第三纪末第四纪初，昆仑山和天山受构造运动的影响强烈上升，形成今日盆地的基本形态。由于昆仑山隆起特别强烈，造成了塔里木盆地的地势有向北、向东倾斜的总趋势。这种受构造运动制约所造成的地面倾斜特征，影响了整个盆地内的水系分布和沉积物的性质。盆地四周的天山、帕米尔、昆仑山和阿尔金山等高山和山原，高度都在 4 000 m 以上，山顶有大面积冰雪分布。

塔里木盆地东部的罗布泊和台特马湖地区，是汇集塔里木河、孔雀河、车尔臣河、米兰河，甚至疏勒河等河的尾水，沉积形成的三角洲和湖成平原。从钻孔资料和出露地层剖面观察，沉积物是由淡黄色和浅灰色的细砂、粉砂和亚砂土，中间夹着薄层青灰色亚黏土组成的，有明显水平层理，富含植物（芦苇）和软体动物（淡水螺）贝壳的残余遗体。

正是由于塔里木盆地平原有这些深厚疏松的古代河流和湖泊的沉积沙层，在干燥气候下，受风力吹扬，能提供丰富的沙子来源，才形成了面积达 30 万平方千米多的塔克拉玛干沙漠。

关于长期经受剥蚀夷平的高原及其间的构造沉降洼地提供沙源的情况，可以北非的撒哈拉地区作为例子来说明。撒哈拉在地质构造上是非洲大地台的一部分，地台形成于前寒武纪，由花岗岩、片麻岩和石英岩构成。由于长期被剥蚀，古生代初即已呈现辽阔的准平原状态。古生代以来，本区没有经受过造山运动，但造陆运动使它不止一次地隆起和沉降。古生代初期、中生代和新生代曾发生广泛的海侵，并在不同地区形成很厚的以砂岩为主的沉积层系。由于新生代早期以来地壳的升降运动，有的地区隆起成为高原，有些地区沉降变为洼地（盆地）。高原海拔一般在 500～1 000 m 之间，分布在撒哈拉中部，呈一条东南—西北向的高地；中央高地带的最高部分的中段为提贝斯提高原，是撒哈拉地势最高的山地，平均海拔 2 000 m 以上，有多座高 3 000 m 以上的山峰。中央高地向外地势缓降，逐渐变为一系列的高平原和洼地（盆地）。高平原的地面海拔一般在 200～500 m 之间；洼地（盆地）的海拔大多数在 50～200 m，最低部分可低于海平面。因此，从整体上来看，撒哈拉地区是一个辽阔、起伏不大但有多种地形的高原。在高原上露出的花岗岩或砂岩等易风化岩层的地区，岩石受到强烈风化剥蚀后，就会在高原面及其边缘坡地上堆积大量残积 - 坡积沙层。而偶然降雨所产生的短时间洪水和径流，可将风化的沙粒搬运到坡麓平原和洼地堆积，经过千万年的堆积，便形成巨厚的洪积 - 冲积沙层。

高原上这些残积、坡积沙层，特别是平原洼地里巨厚疏松的洪积—冲积沙层，在干燥气候下受风吹扬，就为撒哈拉地区大大小小沙漠的形成提供了丰富沙源。又如埃及西南部大吉勒夫高原等地广泛分布着颗粒很细，呈黑红色，并含有球状结核的白垩纪努比亚砂岩，其风化产物就成为利比亚沙漠沙的主要来源。再如，阿尔及利亚阿特拉斯撒哈拉山脉以南，塔特迈特高原以北，是一个地形盆地（topographic basin），其中西部大沙漠是撒哈拉最大沙漠之一。该沙漠沙是由早第四纪沉积于盆地的大面积冲积沙，经风成再造作用形成的。而冲积沙则是来源于阿特拉斯撒哈拉山脉的南坡以及附近高原上广泛分布的中新世和上新世砂岩的风化产物。

正是因为在巨大的内陆盆地和干燥剥蚀高原的山前平原与局部洼地（盆地），分布着深厚疏松的沙质冲积物和湖积物，在干旱气候条件下被风吹蚀，能提供形成沙漠的丰富沙物质来源，所以，世界上各个著名大沙漠也都分布在这些地方。

三、中国沙漠的演变模式

中国沙漠、沙地依其地理位置、干旱程度与沉积组合特征等的异同，可划分为四个主要沙区：大致从阴山山脉西端的狼山起，北至中蒙国境线，南经贺兰山、乌鞘岭、都兰和青海湖抵扎陵湖，此界线以东的沙漠、沙地称之为东部沙区；界线以西可再以天山及其东支的博格达山为界，其南北的沙漠分别称西部沙区和西北部沙区；弱水以东、临河—乌海—银川—中宁一线之黄河以西，河西走廊及其以北的沙漠为中部沙区。各个沙区的沙漠、沙地的形成演变模式也有所不同。

（一）中国沙区沙漠沉积记录

沙漠沉积记录是指保存于地层中或者残存在地表的、单个的和成片分布的古代风成沙丘与沙层。显然，古风成沙是探索过去沙漠存在的最为直接可靠的标志。调查研究结果表明，古风成沙广泛分布于中国沙区的第四纪地层中；此外，也有少量古风成沙散布于第三纪地层里。

中国各个沙区第四纪古风成沙在总体岩性特征上，虽然彼此间并没有什么明显不同，但其与相关地层的组合上，各个沙区则是不一致的，甚至存在很大的差别。

1. 东部沙区

东部沙区较多表现为古风成沙与古土壤（沙质的或粉沙质的棕褐色土、黑垆土）沉积组合，两者互为叠覆，其中常见沙质和粉沙质黄土。在东部沙区低洼的河谷湖盆区，风成的沙质沉积物常与河湖相互叠覆，其间亦穿插有古土壤。这种情况在鄂尔多斯高原毛乌素沙地东南部洼地无定河、萨拉乌苏河等河流域，和东北平原西部科尔沁沙地奈曼—科尔沁左翼后旗以北区域表现非常显著。但因时间较新，主要为晚更新世—全新世，故相对来说，区内过去曾是古河古湖的区域，脊椎动物化石、软体动物化石和古人类及其文化遗存要较其他沙区常见，主要分布在河湖相地层中，古风成沙层中也有所见。尤其在鄂尔多斯高原毛乌素沙地东南隅的萨拉乌苏河流域就更为常见。众所周知的萨拉乌苏动物群和城川动物群，以及著名的"河套人"及其文化遗存，均集中地产自这一流域的晚第四纪地层中。

2. 中部沙区

中部沙区在其低洼区域多表现为古风成沙与河湖相沉积互为叠覆的组合形式，后者常可见到众多钙质的甚至完全钙化了的植物根管。往往在沙漠深部的河湖相沉积中软体动物化石屡有所见。

东部沙区和中部沙区以南和东南，系黄土丘陵—黄土高原区。该区尤其是黄河中游一带的更新统和全新统黄土—古土壤地层序列研究详细，与其北和西北沙区风成沙—古土壤序列的组合在成因相上是相同的，而岩性上有异有同。因此，黄土区第四纪地层组合可作为东部和部分中部沙区典型剖面的一种次层型。对其的认识有助于解释沙区环境及其变化过程。

3. 西部沙区

西部沙区古风成沙，以流沙密集分布的塔里木盆地中央的塔克拉玛干沙漠腹地沉积厚度最大。该地巨大复合型沙丘链的沉积高度达 100～200 m，而甚少见出露的时代较老的第四纪异相地层。

西部沙区的柴达木盆地的湖相沉积，可能是整个中国沙区第四纪湖相沉积厚度最大的。根据钻孔资料，察尔汗盐湖第四系可厚达 1 500 m 以上。西部沙区另一个区域的湖相沉积中心，位于塔克拉玛干沙漠东缘与库姆塔格沙漠西北缘之间的"罗布古湖"。

西部沙区以冲洪积的砾岩和砾石层为沉积相特征的沉积，在昆仑山北麓与塔里木盆地南部和田—且末绿洲一带之间的地带沉积厚度最大，钻孔揭露的此种类型的第四系厚度可达 2 000～3 000 m。自中昆仑山北麓普鲁村以北数十公里范围内的、克里雅河深切谷地的两侧断面上，分布有被认为属于冰水成因的直径为 1～3 m 的巨大砾石，与小于 1 m 的各种砾径砾石混杂堆积在一起，呈次圆—次棱角状，厚度变化在 100～200 m 之间。有时可见其中在急流作用下残余的古风成沙透镜体，以及出现在这套砾石层系近顶部、水平方向上延展数百米的两层玄武岩层，厚度 2～4 m，构成"熔岩台地"。

无论是古风成沙丘，抑或是湖泊沉积还是冲洪积砾石层，在时间上似乎都经历了一种主要以单一成因相的堆积过程。但就西部沙区这几种沉积相的总体分布而言，以古风成沙丘的面积最大，其次为湖相沉积，后者主要分布于柴达木盆地。而冲洪积砾石层则受限于沙漠边沿及其外缘的山麓地带。西部沙区古土壤层甚少发育，只有在高海拔的昆仑山北坡的黄土层中，才偶有所见。此外，西部沙区除广袤分布的古沙丘所显示的干燥环境外，还有河湖相中普遍存在的石膏等蒸发岩类、龟裂的楔状断面、广见于砾石表面灰黑色荒漠漆等等，说明干燥环境在这一区域所具有的时空上的总体特征。

4. 西北部沙区

西北部沙区第四纪地层目前所知尚少。

综合上述内容并根据以往的若干有关研究结果，可以把中国沙区沙漠沉积记录的时空特征归述如下：

第一，中国沙区最迟在第四纪初期已存在风沙活动和发育沙漠。

第二，中国各沙区第四纪主要时代都含有古风成沙沉积，且各区都有古风成沙与河湖沉积互为叠覆的地质记录，但河湖相所揭示的古气候特征，至少在东、西部沙区之间具有明显不同的特征。东部沙区的河湖相代表了比较温暖湿润的环境，西部沙区河湖相则反映出其气候更加干热。因后者常含众多的干燥裂隙、石膏石盐等蒸发岩类及砾石表面的荒漠漆等，即是这种气候的特征性体现。不仅如此，这两大沙区之间地层组合特征的另一大差异还表现为，东部沙区第四纪层系中含有多层古土壤，并与古风成沙互为叠覆，而西部沙区几乎缺失古土壤层。

第三，就古风成沙发展的规模而言，西部沙区、中部沙区流沙密集分布区域的古风成沙都经历了一种直线式的沉积过程，其间很少有其他成因相构成"沉积间断"。由此说明，这两区广大范围以古风成沙为代表的沙漠，自更新世某个时期以来一直处于"活化"状态，并持续至今。

第四，西北部沙区、中部沙区之东南部区域都有古土壤发育，但是无论在其层数、规模上，还是在土壤的黏化程度、分布上，其发育都不及东部沙区。这种差异，与海陆对比引起的水热条件在区域分布上的不均匀有关。

（二）沙漠的形成演化过程与发展模式

1. 第四纪各时期沙漠存在的总体轮廓

综观中国沙区第四纪古风成沙发生的时间和其异相的沉积组合形式，以及在空间的分布规律，不难看出，中国沙漠最早出现的时间应该是第四纪更新世的最早阶段，但形成的规模远不及今日所见。如果以 B/M 磁性带界面作为中下更新统的界线，则地质时代在进入早更新世以后，中国北方可能已具有现代沙漠的雏形。

在西部沙区，西域砾岩中除了可以见到 1.43 MaB.P. 以前的古风成沙透镜体外，在横向上还相变为风成的亚砂土，与具有灰黑色荒漠漆的冲洪积、冲坡积砾石层和黄土互层的地层组合。阿尔金山北麓的西域砾岩被古风成沙纵向隔断，表现为数层厚度不大的灰黑色角砾层，两者的堆积厚度逾百米。

西北部沙区和中部沙区，尽管人们记录的更新世的早期地层较少，但前一个地区的西域组中已有厚层的古风成沙，后一个地区可见半胶结的古风成沙。

东部沙区早更新世古风成沙以鄂尔多斯高原较为常见，它也是大面积发现古风成沙的最早地区。在榆林剖面 B/M 面之下，可以见到数层古风成沙，但在科尔沁沙地，迄今还没有发现这一时期的风成沙层。

中更新世时，中国北方已具有现代的沙漠规模。这是根据中国各沙区的第四纪地层中都含有这一时期的古风成沙，而且堆积的厚度都比较大这一事实推断出来的。

晚更新世后期是沙漠演化最重要的时期，尤其在末次冰期的全盛时期，中国沙区各个沙漠、沙地除向其周围地区扩张外，风沙活动甚至向南扩展到长江中下游的南岸。这一时期，中国北方沙区的水平生物气候带向南推移了9～10个纬度。

　　全新世时，由于冰后期的影响，西北部沙区、东部沙区和中部沙区东南部的前期沙漠，都出现了广泛的固定，而广大中西部沙区的沙漠，面积也有所缩减。前一种情况主要表现为以发育古土壤为特征；后一种情况则主要表现为以河湖相沉积覆盖沙丘为特征。

　　中国沙区现代沙漠的规模，是在全新世气候最佳期（8 000～3 000 年 B.P.）之后，开始缓慢、后来加速发展起来的。从米浪沟湾剖面 2S 的年龄来看，沙漠的加速发展时间不过是近千年来的事件。究其原因，除了受气候干旱因素的影响外，还与人类不合理的经济活动等有关。

2. 沙漠的发展模式

　　第四纪以来中国沙漠的发展主流，是与"冰期"时代的总体特征颇为一致的。第四纪时期各个沙区的沉积环境不同，反映中国沙区在此时期已明显出现区域分异。正是以这种分异为背景，各地对冰期气候波动的响应并不相同，其沙漠发展的模式与沙漠性质也不一样。

　　在东部沙区、西北部沙区和中部沙区的东南部地区，依据第四纪地层组合，在纵向上，由古风成沙与古土壤或和河湖相构成互层沉积系列确定，其发展模式是几经流沙出现、扩大（沙漠化正过程），与固定、缩小乃至生草成壤（沙漠化逆过程）相交替的波动式发展过程；由第四纪地层在横向上风成沙与黄土处于同一层位，以风成沙为母质的沙质古土壤，与以黄土为母质的粉砂质古土壤共生等事实推断，当时的沙漠、沙地即使在流沙发展时期，也不全为流动沙丘，半固定—固定沙丘仍占有相当比重，因而属"草原型"沙漠。在西部沙区和中部沙区的大部分地区，据古风成沙、亚砂土连续沉积系列推断，其发展模式除少数河湖地区，由于河道变迁和水位、水量增减，而存在与东部、西北部沙区相类似的发展过程外，其他大部分地区为流沙不断出现、扩大的直线式发展过程。依据第四纪地层，在横向上，局部为河湖相与风成沙、亚砂土、黄土处于同一层位，多数为风成沙—亚砂土—黄土共生的事实推断，当时的沙漠除少数地区存在与东部、西北部类似的沙漠景观外，大部分地区以流动沙丘为主，因而属"荒漠型"沙漠。

第二节　沙漠化成因

历史时期以来，干旱地区的自然环境及其演变过程受到人类活动的严重干预，由自然过程演变为自然—人为过程，区内的风沙活动过程亦由气候—地貌过程演变为气候—人类干预地貌过程，该过程涨落、积累发展至今，形成了当前世人注目的沙漠化问题。

一、沙漠化的概念界定

根据"沙漠化（sandy desertification）是干旱半干旱及部分半湿润区内，由于气候变化与人类活动等因素作用下，所产生的一种以风沙活动为主要标志的土地退化过程"，这一定义可将沙漠化概念的基本含义概括如下：

（1）时间上，发生于人类历史时期，并不包括人类历史时期之前及地质时期自然形成的沙漠；空间上，发生于干旱半干旱及部分半湿润区。该时空界定是"沙漠化"与"土地沙化""风沙化"等概念的主要区别所在。

（2）实质上，是有时空等条件特别限定的，一种以风沙活动为主要标志的土地退化过程，是指在空气动力作用下，所导致的干旱半干旱及部分半湿润区，土地生物或经济生产力和复杂性的下降或丧失。沙漠化是荒漠化的主要内容或过程之一。

（3）成因上，是气候变化和人类活动等因素作用的结果，其中气候变化主要是干旱的影响，人类活动包括滥垦、滥牧、滥伐等，但气候变化与人类活动在沙漠化过程中的作用，具有明显的时空性。

（4）内容上，包括风力作用下的土地风蚀、风沙流、流沙堆积、沙丘活化与前移等一系列过程，受这些过程影响引起退化的土地，称之为沙漠化土地。

（5）景观上，是一个以风沙活动及其造成的地表形态为景观标志的渐变过程，最终大多形成类似沙漠的景观。

（6）结果上，地表逐渐为风蚀地、粗化地表、流动沙（丘）地等侵占，造成土地生产力下降，土地滋生潜力衰退和可利用土地资源的丧失。

下面着重探讨沙漠化与气候变化、人类活动的关系。

二、沙漠化与气候变化

在影响沙漠化的自然因素中，气候变化尤其是气候的干湿变化具有主导性作用，国内外围绕气候、干旱与沙漠化之间的关系开展了大量研究。

在国外，撒哈拉地区的研究资料表明，沙漠化过程主要是在持续干旱期间发生和加强的。撒哈拉地区，特别是它的中部和南部降水情况的变化，基本上决定于地球表面冷暖变化导致的热带辐合带的位置和几内亚湾季风的进退。在全球气候变暖时期，热带辐合带北移，几内亚湾的夏季风能更深地向北深入；据萨尔坦的资料，全新世最佳期的夏季风可达到北纬30°，促使撒哈拉，特别是它的南部区域有良好的湿润条件。在变冷时期，热带辐合带分布在赤道附近，因而撒哈拉南部区域（萨赫勒）就处在干燥性风的影响范围内，降水剧减。

在5 300～4 900年以前，3 600～3 400年以前，3 100～2 400年以前和2 100～1 800年以前的几次全球变冷时期（所谓"新冰期"），撒哈拉（特别是它的南部地区）都是明显的干燥期。而地理和考古的证据则表明，在这一干旱时期，沙漠化明显地加剧了。埃及一些地区的沙丘侵入尼罗河谷，那里的居民被迫迁到谷地中居住。

最近500年来，在撒哈拉的南部地区（萨赫勒和苏丹地区）可划分出三个降水剧减期，即1681—1687年，1738—1756年和1828—1839年。在1700年和1790年代，也曾发生过个别旱年。在这些干旱年份，沙漠化几乎出现在整个苏丹—萨赫勒地区。在最近80～100年来，根据直接观测的大气降水资料表明，撒哈拉南部的苏丹—萨赫勒地区，在1913—1916年，1944—1948年和1968—1973年出现了持续的干旱期。其中，1968—1973年干旱尤为严重，降水量比正常年份减少10%～20%，个别年份的降水量甚至减少50%以上。众所周知，在20世纪60年代末到70年代初发生干旱时，出现了严重的沙漠化，撒哈拉的界线向南移动了几百公里，在个别最旱的年份，热带稀树草原带作为一个独立的地理气候带，在某些地方已经消失了。

下面着重探讨我国气候变化与沙漠化的关系问题。

（一）历史时期的土地沙漠化

我国干旱半干旱及半湿润地区东部，历史时期以来经历了25次气候适宜期（暖期与变暖期）与非适宜期（冷期与变冷期）的变化，其中主要的适宜期有仰韶时期、殷墟时期、西周时期、西汉时期、隋唐时朝和元朝时期，主要的非适宜期有夏商时期、东周时期、东汉时期、宋代时期和明清时期。

在历史时期，我国的土地沙漠化也经历了一系列的发生、发展过程。根据对我国干旱半干旱和半湿润区东部的呼伦贝尔沙地、松嫩沙地、科尔沁沙地、鄂尔多斯及共和盆地的沙丘沉积剖面、黄土剖面的研究与测年数据，依据沙丘剖面中古土壤（深褐色、黑色的沙质与粉沙质土层）与古风成沙（黄色沙层）或黄土对沙漠化正、逆过程的代表意义，总体上可把历史时期我国干旱半干旱及半湿润区东部的沙漠化过程划分出数个正、逆"旋回"。

对照历史时期我国干旱半干旱及半湿润区东部气候变化与沙漠化过程，可以看出，一定程度上历史时期内的沙漠化正、逆变化，与气候的干冷、暖湿变化具有时间上的同步性，基本上沙漠化正过程发生于气候非适宜的干冷时期，沙漠化逆过程则对应于气候适宜的暖湿时期。在气候适宜期，我国尤其是干旱半干旱及半湿润区东部地区的气候温暖湿润，植被繁茂，风沙活动强度较低甚至消失，沙丘（地）往往可以得到固定，生草成壤，土地沙漠化逆转，有的风成沙经过成土作用还能发育成深褐色、黑色的古土壤；在气候非适宜期，气候寒冷干燥，旱灾、暴风频繁，土壤干燥，植被稀少，风沙活动显著，在干冷多风环境下，地表植被遭到风蚀破坏，固定沙丘（地）活化，流沙再起，土地沙漠化发生和发展。

在我国干旱半干旱及半湿润区的西部，虽然历史时期以来一直处于干旱气候状态，但在历史时期内也存在有一系列气候变化，以及随之而来的沙漠化变化过程。以南疆地区为例，近4 000年来在干旱环境背景下，出现过数次暖干与凉湿的气候变化。在气候暖干时期，沙漠化发生加剧，古城废弃，如公元5世纪至6世纪初楼兰、尼雅、喀拉敦等古城的相继废弃，公元9世纪至12世纪时米兰、达乌孜勒克、播仙镇（唐）、勃加夷城（唐）、丹丹乌里克、麻扎塔格成堡、尼襄城、阿尔斯皮尔、巴尔玛斯、安迪尔、可汗城等古城的废弃，都与气候变干、沙漠化空前加剧有关，反映出气候变化对该地区历史时期沙漠化过程的主导作用与影响。

因此可以认为，历史时期的气候变化，尤其是干湿变化是导致土地沙漠化的主要因素，历史时期的气候变化决定着土地沙漠化发展与变化的基本方向与进程。

（二）现代时期的土地沙漠化

近百年来，尤其是自 20 世纪 50 年代以来，我国干旱半干旱和半湿润区的气候，在一系列波动变化中呈现出明显的变暖、变干趋势，其中降水减少的趋势尤为显著。据统计，在我国的 14 个沙漠化省（区、市）中，1951—1990 年间有 10 省（区、市）的降水趋势是负值，表现为降水减少的趋势，以河北、北京、山西、辽宁、吉林、宁夏等省（区、市）的降水减少趋势较重，其中减少趋势最大的达到 2.76 mm/a，只有甘肃、青海、西藏和新疆表现为降水增加趋势，但这 4 省（区）在 1951—1990 年中有至少 2 个 10 年的降水量距平值为负值。同时，从各地区气温与降水量变化的季节看，夏季温度降低，冬春季气温普遍有升高趋势，冬春季的降水量也普遍下降，即使降水量总体上有增加趋势的西北干旱区也是如此，这就形成了极有利于土地沙漠化发生与发展的时间组合。

在上述气候变化的背景下，自 20 世纪 50 年代以来，伴随气候的干暖化，我国的土地沙漠化逐渐发生和发展，沙漠化土地面积不断扩大，程度日益增强，发展速度不断递增。同时，由于各地区气候变化的方向与程度的不同，各地土地沙漠化的发展程度也存在有一定的地域差异，其中旱化趋势严重的阴山东端，经贺兰山、乌鞘岭和青海都兰一线以东的干旱半干旱及半湿润地区，是我国沙漠化的主要发生与发展地区，既是沙漠化土地最为集中的地区，又是我国土地沙漠化发展最快的地区。现代气候变化尤其是降水变化与我国土地沙漠化之间的对应关系，说明在现代土地沙漠化的发生与发展过程中，气候变化同样具有重要的影响与作用。

基于上述分析，若将整个五千年的人类历史作为一个整体考虑，我国土地沙漠化的发生与发展则主要受制于气候的变化，土地沙漠化与气候变化具有一定的同步性，正是在气候变化的主要支配下沙漠化始终处于正、逆反复交替过程中，气候变化对沙漠化的发生与发展起着主导作用，是导致土地沙漠化的主要因素。

三、沙漠化与人为活动

干旱半干旱及半湿润地区气候干燥，降水多变，风大且多，自然生态系统极具脆弱性和敏感性，对人口及其活动的承载能力极低。只要稍受人为的干扰，就十分容易造成生态平衡的失调，破坏地表原生土壤与植被，致使风沙活动范围扩大、程度增强，导致土地沙漠化的发生与发展。历史时期以来，随着人口数量不断增加，生产活动的增强，人类对干旱半干旱及半湿润地区脆弱生态环境的干扰急剧增强，干扰的范围逐步扩大，程度迅速提高，方式大幅度增多，构成了干旱半干旱及半湿润地区内强度的人类活动与低下的环境承载能力之间的尖锐矛盾，从而人为造成了大面积土地沙漠化的发生和发展，成为土地沙漠化的重要影响与作用因素。

目前，人为活动导致土地沙漠化主要表现在滥垦、滥牧、滥樵和滥用水资源等几个方面。

（一）滥垦

土地开垦过程中对沙质地表原生植被和土壤结构的破坏，会极大地降低土地的抗风蚀能力，导致沙质地表风沙活动范围和程度的急剧扩大，从而造成土地沙漠化。

风洞实验结果表明，在同样的条件下，翻耕土壤的风蚀模数有可能达到未翻耕土壤风蚀模数的 10 倍以上。

（二）滥牧

在过度放牧，牲畜头数远远超过草地（生草沙地）载畜能力的情况下，由于牲畜的啃食和践踏（特别是山羊），造成草地植物的生机衰退和死亡，在干燥气候下，促使风蚀而引起沙漠化。特别是在无人管理的自由放牧制度下，牲畜（特别是羊群）因受放牧半径的限制，终年在畜群点或水井点周围采食和践踏，这就造成更加严重的沙漠化。过度放牧引起的沙漠化，往往形成以畜井点为中心，呈环状向外扩散（以畜圈和水井点和水井附近最为严重，愈往外破坏程度逐渐减低）周围破坏最严重，形成一个"光裸圈"。

风洞实验结果也表明，重度践踏与啃食时的风蚀量是轻度的近 20 倍，因此，过度放牧往往导致干旱半干旱及半湿润地区沙质草地的沙漠化。

我国由于对草地的大肆开垦，草地面积在不断缩小，但牲畜数量却不断增长，畜均占有草地面积不断下降，草地利用强度急剧扩大，大面积草场长期严重超载，过牧，滥牧，草地植物退化严重，导致风沙过程加剧，造成沙质草场沙漠化。例如，内蒙古浑善达克沙地由于过度放牧，加之畜群点和水井点布局不合理，使草地植被破坏严重，风沙活动加剧。

（三）滥樵

一定覆盖率的林木植被是地表免受风蚀、防止沙漠化的根本保证，大面积的天然林和各类人工林是维系干旱半干旱及半湿润地区，尤其是沙漠化地区生态系统稳定的重要组成部分。林木的樵采、砍伐将使大量沙质地表失去保护，直接暴露于强劲的风力作用下，使风蚀过程加剧，造成土地沙漠化。一方面，我国广大的干旱半干旱及半湿润地区有林地少，森林覆盖率低，远远低于全国的平均水平（森林覆盖率最低的青海省只有 0.37%），而且有林地中防护林和薪炭林的比例很低。另一方面，为了满足随人口激增而迅速增加的对燃料的需求，樵柴却十分严重，因此，由樵采造成的沙漠化很突出。

（四）滥用水资源

干旱半干旱及半湿润地区水资源总量主要来源于降水、地表径流和地下水，水资源较为贫乏，而多年来各地对水资源的利用缺乏科学管理，浪费严重，尤其是对河流上游灌溉缺乏严格的管理制度，致使水资源分配不均或大片土地水源短缺，结果是河流下游断水、地下水开采过度，往往造成一些地区生态用水困难，致使大面积天然植被干枯，林木死亡，土地沙漠化加剧。

除上述情况外，人为活动还包括战争破坏水利设施，筑路、工业建设、采矿、建房以及机动车辆运输等活动，在干旱半干旱及半湿润的生态环境脆弱地区，也能导致土地沙漠化。

人为过度的经济活动，除了直接破坏生态环境，对沙漠化的自然因素起着诱发和促进作用外，一些学者还提出，由于过度放牧、不合理的耕作制度等引起的植被破坏，还能够导致局部和地表小气候的变坏，进而使沙漠化过程得到加强。因为多年生植被减少，无疑地增加了地表对太阳辐射的反射能力（即增加反照率），促使地面和大气层相对变冷，减少了大气的对流，从而减少了降水。这就是所谓生物地球物理反馈机制。因此，查尼等人把人类对萨赫勒地区下垫面的直接影响，看作是20世纪六七十年代这一地区发生旱灾的原因。大气数值模拟研究结果证实，地面特性的变化可对萨赫勒的持续干旱起作用。例如，当地表反照率由14%增大到35%时，萨赫勒地区雨季的雨量会减少40%左右。

因此，土地沙漠化的原因十分复杂。沙漠化过程通常是一系列起因的结果，或者是由一种起因引起同时也有其他因素加剧的，其成因在不同的时间、空间条件下是不同的。总体而言，历史时期土地沙漠化过程无疑主要受自然因素，尤其是气候变化的控制和影响，发展至今现代沙漠化过程仍受人为因素的主导。但是，也不能忽视历史时期以人为因素为主导致的土地沙漠化，和现代时期以气候变化为主导致的土地沙漠化的事实的存在。

第三节 中国土地沙漠化现状与危害

一、中国土地沙漠化分布现状

（一）西北干旱区沙漠化土地

西北干旱区沙漠化土地分布在贺兰山以西、祁连山、阿尔金山和昆仑山以北，行政范围包括新疆大部分、内蒙古西部和甘肃河西走廊等地区。西北干旱区沙漠化土地在地貌景观上呈现吹扬灌丛沙堆与新月形沙丘、沙丘链相间的特点，类型上以流动沙丘分布较广，我国90%的沙漠都集中在该地区，如塔克拉玛干沙漠、巴丹吉林沙漠、古尔班通古特沙漠、腾格里沙漠、库姆塔格沙漠和乌兰布和沙漠。

除原生沙漠外，西北干旱区沙漠化土地主要分布在绿洲周围或深入沙漠的河流下游，分布形式呈现不相连的小片状。该地区年降水量在 200 mm 以下，蒸发量却高达 2 500～3 500 mm，在沙漠边缘分布的绿洲生存完全依赖地表水和地下水灌溉。由于大水漫灌等不合理的水资源利用方式，造成水资源严重浪费，挤占了生态用水，导致天然植被衰退死亡，同时过牧、樵采、乱挖、乱垦等不合理的经济活动使天然荒漠遭受严重破坏，生态防护功能日益衰退，造成沙丘活化、沙漠前移，绿洲萎缩。这也是该地区土地沙漠化的主要原因。

（二）半干旱区沙漠化土地

半干旱区沙漠化土地分布在贺兰山以东、长城沿线以北以及东北平原西部地区，行政范围包括北京、天津、内蒙古、河北、山西、辽宁、吉林、黑龙江、陕西和宁夏等省区。

半干旱区沙漠化土地主要分布在半干旱草原和农牧交错区，并集中分布在浑善达克、呼伦贝尔、科尔沁和毛乌素四大沙地，景观上以森林草原、干草原和荒漠草原分布为特点，沙漠化土地类型多样，主要以固定沙丘（地）为主，但流动沙丘（地）和风蚀劣地在植被破坏严重地区也多有分布，在农牧交错区，存在沙化耕地分布。

该地区降水量在 200～400 mm 之间，但季节分配极不均匀，易于春季和初夏干旱，使靠天然降水维持生长的植被非常脆弱。在干旱的背景下，超载放牧、滥垦乱樵等不合理的人类活动干扰，造成草场沙化、风蚀沙化、沙丘活化，出现灌丛沙堆和砾质化地表，这是该地区土地沙漠化的主要特点（见图 1-3）。如内蒙古乌盟后山地区，由于大量开垦耕地，经过长期的风蚀粗化，细粒物质被吹蚀殆尽，仅留下粗沙砾石，整个地区的土地沙漠化朝着风蚀粗化砾质化发展，呈现砂砾质草原景观。

（三）高原高寒区沙漠化土地

高原高寒区沙漠化土地主要分布在青藏高原高寒地带的青海柴达木、共

图 1-3　降雨量 400 mm 的沙漠化土地

和盆地和澜沧江、金沙江、怒江、黄河源头、川西北部分地区以及雅鲁藏布江中游河谷，行政范围包括西藏、青海、四川三省区。该地区虽然地广人稀，但生态环境极其脆弱，植被一旦破坏极难恢复。由于不合理的人类活动和干旱的共同影响，沙漠化土地分布呈现扩展的趋势。

根据最新监测结果，青海三江源头地区，由于长期超载过牧，植被破坏严重，生态状况恶化，土地沙漠化仍在不断扩展。

（四）半湿润区沙漠化土地

半湿润区沙漠化土地主要分布在河流中下游或三角洲平原，其形成与河流改道、决口泛滥有着直接的关系，其中以黄河故道及黄河泛区的沙漠化土地分布面积最大。类型上以固定沙丘（地）为主，流沙仅以片状、辫状分布，与干旱和半干旱区相比，面积相对较小，多呈零星分布。

半湿润区沙漠化土地在景观上具有季节性的变化特点。春季干旱多风，土壤风蚀严重，耕地下风向洼地出现积沙，严重的出现辫状沙堆、片状流沙和风蚀地的风沙地貌，沙质岗丘上出现沙波纹，局部景观与半干旱沙地无异。

而夏季多雨季节，则呈现一片绿色，即使是裸露的沙丘也因降水多、水分条件好，使沙波纹消失，形成固定沙丘。

二、中国土地沙漠化的危害

土地沙漠化是当前我国最为严重的生态环境问题之一，不仅造成土地资源的退化，土地生产力下降，致使生态环境恶化、风沙日、沙尘暴增加，导致群众生活贫困，而且给工农业生产和人民生活带来严重影响，风沙危害交通道路、水利设施及大中城市基础设施建设，已成为制约我国"三北"地区经济和社会协调发展的重要因素。

土地沙漠化对土地资源的危害主要表现在土地沙漠化过程中土壤表层发生风蚀，使富含有机质和养分的表土层或细土流失，造成土壤肥力损失直至丧失，土壤理化性状恶化、土地生产力衰退。

第一，土地沙漠化导致草原退化，影响畜牧业发展。土地沙漠化造成的草场退化使得草场载畜量下降，畜产品产量和质量随之降低。一些地区牲畜存栏数勉强增加，但单位牲畜占有草场数量急剧下降，仅为以往的 1/2 或 1/3，这样一方面牲畜长期处于饥饿半饥饿状态，畜产品单位产量下降，另一方面，导致进一步过牧，从而进一步加剧了草场退化。研究表明，在过牧最初 1～2 年内，由于原草场有一定的生产潜力可挖，因此会有一定的产出。随着过牧时间的延续，草地的自然潜力挖掘殆尽，牧草因长期过度啃食严重生长不良，产草量急剧下降。这使得家畜因长期处于饥饿半饥饿状态而体质弱、体重下降，所采食的牧草仅供维持代谢而不能转化为畜产品。如内蒙古乌审旗，绵羊平均体重由 20 世纪 50 年代的 25 kg 降至 80 年代 15 kg 左右；山羊体重同期由平均重 15 kg 降至 9 kg，而且怀孕山羊采食落有沙尘的牧草易流产。

第二，激化人地矛盾、威胁国家粮食安全。我国是一个约 14 亿人口的发展中国家，粮食问题始终被党和政府放在极为重要的位置。随着人口的增长、土地沙漠化加剧，耕地、牧场数量和生产力受土地沙漠化影响呈明显下降趋势，进一步激化人口与耕地之间的矛盾，威胁国家粮食安全。人均粮食自给能力、膳食结构改善水平都因人地关系的紧张而令人忧虑，我国粮食自给受到威胁。

第三，造成生物多样性的降低。土地沙漠化不仅造成了耕地、草地、林地等可利用土地的减少和退化，也造成了生物多样性的骤减。土地沙漠化一方面使生物栖息地损失、破碎化或受到隔离；另一方面造成种群、群落结构破坏，生产力下降，物种生存能力降低（生育率和存活率降低，抗病虫害能力的降低等），使许多物种日趋濒危或消亡。如毛乌素沙地许多动植物种迅速消失或其分布面积和种群数量锐减，一些啮齿类动物的天敌数量迅速减少，鼠害、虫害大面积发生。又如内蒙古草原，20 世纪 80 年代有黄羊 500多万只，现残存不到 30 万只，金钱豹、野牛、野骆驼几乎灭绝，许多珍禽数量急减、珍稀动物迁徙灭绝，鼠虫害增多。

三、中国沙漠概述

中国的沙漠主要分布在干旱和半干旱地区，行政区划大致从内蒙古西部的托克托县境内的库布齐沙漠开始，向西经过贺兰山—乌鞘岭以西的广大地区，多深居于新生代盆地之中。中国沙漠总面积约 70 万平方千米，如果连同 50 多万平方千米的戈壁在内总面积为 128 万平方千米，占全国陆地总面积的 13%。中国西北干旱区是中国沙漠最为集中的地区，约占全国沙漠总面积的 80%。我国著名的八大沙漠分别是：塔克拉玛干沙漠、古尔班通古特沙漠、巴丹吉林沙漠、腾格里沙漠、乌兰布和沙漠、库布齐沙漠、柴达木盆地沙漠、库木塔格沙漠。

（一）塔克拉玛干沙漠

塔克拉玛干沙漠（Taklimakan Desert），位于新疆南疆的塔里木盆地中心，是中国最大的沙漠，也是世界第十大沙漠，同时亦是世界第二大流动沙漠，分布在新疆巴音郭楞、阿克苏、喀什、和田，由于是中国境内最大的沙漠，故被称为"塔克拉玛干大沙漠"，流动沙漠仅次于阿拉伯半岛的鲁卜哈利沙漠（65 万平方千米），流沙面积世界第一。整个沙漠东西长约 1 000 km，南北宽约 400 km，面积达 33 万平方千米。沙漠里沙丘绵延，受风的影响，沙丘时常移动。沙漠里亦有少量的植物，其根系异常发达，超过地上部分的几十倍乃至上百倍，以便汲取地下的水分，那里的动物有夏眠的现象。

塔克拉玛干沙漠，系暖温带干旱沙漠，酷暑最高温度达 67.2℃，昼夜温差达 40℃以上；平均年降水量不超过 100 mm，最低只有 4～5 mm；而年平均蒸发量 2 500～3 400 mm。

沙漠四周有叶尔羌河、塔里木河、和田河和车尔臣河，由于塔里木盆地是一个内流水系盆地，从周围山脉而来的全部径流都聚集在盆地自身之中，又是河流和地下水层的水源。

塔克拉玛干沙漠植被极其稀少，几乎整个地区都缺乏植物覆盖。在沙丘间的凹地中，地下水离地表不超过 3～5 m 的区域，可见稀疏的柳、硝石灌丛和芦苇，但厚厚的流沙层阻碍了这种植被的扩散。在沙漠边缘、沙丘与河谷及三角洲相汇的地区以及地下水相对接近地表的地区植被较为丰富。沙漠四周，生长着密集的胡杨林和怪柳灌木，形成"沙海绿岛"。

（二）古尔班通古特沙漠

古尔班通古特沙漠（Gurbantonggut Desert）是中国第二大沙漠，位于准噶尔盆地的中央，面积 4.88 万平方千米。由四大沙漠组成，西部为索布古尔布格莱沙漠，东部为霍景涅里辛沙漠，中部为德佐索腾艾里松沙漠，北部为阿克库姆沙漠。准噶尔盆地属温带干旱荒漠，年降水量 70～150 mm，冬季有积雪。降水春季和初夏略多，一年中分配较为均匀。沙漠内部绝大部分为固定和半固定沙丘，其面积占整个沙漠面积的 97%，是中国面积最大的固定、半固定沙漠。固定沙丘上植被覆盖度 40%～50%，半固定沙丘可达 15%～25%，为优良的冬季牧场。沙漠内植物较丰富，种类可达百余种。植物区系成分处于中亚向亚洲中部荒漠的过渡类型。沙漠的西部和中部以中亚荒漠植被区系的种类占优势，如白梭梭、苦艾蒿、白蒿、囊果苔草和多种短命植物等。在沙漠东部和南部边缘，亚洲中部植物区系种类较多，如梭梭、蛇麻黄、花棒等。

古尔班通古特沙漠的梭梭分布面积达 100 万公顷，在古湖积平原和河流下游三角洲上形成"荒漠丛林"。沙漠的沙粒主要来源于天山北麓各河流的冲积沙层。沙漠中最有代表性的沙丘类型是沙垄，占沙漠面积的 50% 以上。沙垄平面形态成树枝状，其长度从数百米至十余公里，高度 10～50 m 不等，南高北低。

在沙漠的中部和北部，沙垄的排列大致呈南北走向，沙漠东南部成西北至东南走向。在沙漠的西南部分布着沙垄和蜂窝状沙丘，南部出现有少数高大的复合型沙垄。流动沙丘集中在沙漠东部，多属新月形沙丘和沙丘链。沙漠西部的若干风口附近，风蚀地貌异常发育，其中以乌尔禾的"风城"最著名。沙漠中风沙土广泛分布。沙漠南缘平原上发育灰棕漠土，1949年后已大量开垦。人为活动破坏了天然植被，造成沙漠边缘流沙再起和风沙危害。沙漠西缘有甘家湖梭梭林自然保护区，为中国唯一以保护荒漠植被为目的而建立的自然保护区。

（三）巴丹吉林沙漠

巴丹吉林沙漠（Badain Jaran Desert）是阿拉善沙漠的主体，位于内蒙古自治区西部的银额盆地底部，是中国四大沙漠之一，总面积4.7万平方千米。沙漠海拔高度在1 200～1 700 m之间，沙山相对高度可达500多米，毕鲁图峰海拔1 617 m，垂直高度约435 m，堪称"沙漠珠穆朗玛峰"。中部有密集的高大沙山，一般高200～300 m，最高的达500 m。

巴丹吉林沙漠属温带大陆性沙漠气候，气候极为干旱，降水稀少，且多集中在6～8月份，年降水量50～60 mm，年平均温度7～8℃，绝对最高温度37～41℃，绝对最低温度–37～–30℃，沙面温度可达70～80℃，年蒸发量大于3 500 mm，蒸发量是降水量的40～80倍。夏季高温酷热，最高温度可达38～41℃，光照强烈，是内蒙古自治区光照最充足、太阳能资源最丰富的地区之一。

在广阔的沙漠之中，除了漫漫的黄沙和星星点点的湖水外，还有美丽的绿色，给沙漠平添了几分生命的痕迹。在沙丘的背风处，有沙漠活化石胡杨，在沙丘的底部、湖岸边、泉水旁，生长着乔木、灌木和草本植物，湖岸边的芦苇、芨芨草等植物可供造纸，梭梭、柠条、霸王、籽蒿、胡杨、骆驼刺是优良的防风固沙树种，也是沙漠中动物的食物。沙葱是美味的蔬菜，沙草、沙米的果实可做面粉的替代品，沙枣的果实含有大量淀粉，可供多种用途，沙棘、白刺的果实富含维生素，可提取果汁、酿酒等。在沙漠之中还有多种药用植物，锁阳寄生在白刺身上，是珍贵的中药材，肉苁蓉有着"沙漠人参"的美称。辽阔而神奇的巴丹吉林沙漠是野生动物的天堂，这里快乐地生活着狼、狐狸、沙蜥、鹰、大雁、天鹅和野鸭等几十种野生动物。

（四）腾格里沙漠

腾格里沙漠（Tengger Desert）位于内蒙古自治区阿拉善左旗西南部和甘肃省中部边境，介于北纬 37° 30′ ~ 40°，东经 102° 20′ ~ 106° 之间。南越长城，东抵贺兰山，西至雅布赖山。南北长 240 km，东西宽 160 km，总面积约 4.3 万公顷，为中国第四大沙漠，是阿拉善沙漠的东部，在银额盆地底部。

腾格里沙漠由北部的南吉岭和南部的腾格里两部分组成，习惯上统称腾格里沙漠。

内部有沙丘、湖盆、草滩、山地、残丘及平原等交错分布。沙丘面积占 71%，以流动沙丘为主，大多为格状沙丘链及新月形沙丘链，高度多在 10 ~ 20 m 之间。有湖盆 422 个，半数有积水，为干涸或退缩的残留湖，湖盆占沙漠总面积的 7%，山地残丘及平地占 22%。在沙丘中，流动沙丘占 93%，其余为固定、半固定沙丘。

气候终年由西风环流控制，属中温带典型的大陆性气候，降水稀少，年平均降水量 102.9 mm，最大年降水量 150.3 mm，最小年降水量 33.3 mm，年平均气温 7.8℃，绝对最高气温 39℃，绝对最低气温 –29.6℃，年平均蒸发量 2 258.8 mm，无霜期 168 天，年光照时数 3 181 h，太阳辐射 150 kcal/cm²，大于 10℃ 的有效积温 3 289.1℃，终年盛行西南风，主要风害为西北风，风势强烈，风沙危害为主要自然灾害，但光热资源丰富，是发展规模化养殖业的潜在优势。

固定、半固定沙丘主要分布在沙漠的外围与湖盆的边缘，其上生长的植物多为沙蒿和白刺。在流动沙丘上有沙蒿、沙竹、芦苇、沙拐枣、花棒、柽柳、霸王等。在沙漠边缘的山前洪积、冲积平原和沙漠内的岛山残丘及山间谷地，主要饲用和药用植物有红沙、珍珠、麻黄、沙冬青、霸王、藏锦鸡儿、合头藜、优若藜、刺旋花、菊蒿等。

（五）柴达木盆地沙漠

柴达木盆地沙漠（Qaidam Desert）全称柴达木盆地沙漠，是中国第五大沙漠，面积达 3.49 万平方千米。柴达木沙漠位于青藏高原东北部的一个巨大的内陆盆地柴达木盆地的腹地。海拔 2 500 ~ 3 000 m，是中国沙漠分布最高的地区。干旱程度由东向西增大，东部年降水量在 50 ~ 170 mm，干燥度 2.1 ~ 9.0；西部年降水量 10 ~ 25 mm，干燥度 9.0 ~ 20.0。盆地中呈现出风蚀地、沙丘、戈壁、盐湖及盐土平原相互交错分布的景观，柴达木沙漠风蚀地貌发育广泛，占盆地内沙漠面积的 67%。主要分布在盆地西北部，东起马海、南八仙一带，西达茫崖地区，北至冷湖、俄博梁。那里由第三系的泥岩、粉砂岩和砂岩所构成的西北—东南走向的短轴背斜构造非常发达，岩层疏松，软硬相间。风向与构造走向一致，也是西北方向，强烈的风蚀作用形成了排列方向大致与风向相同的风蚀长丘和风蚀劣地。在一些褶曲隆起的穹形丘陵上也广泛分布有这种风蚀地貌。

晴天丽日下的青海柴达木荒漠戈壁常常出现"海市蜃楼"奇观。戈壁滩上的沙丘在阳光和浮云的作用下不断变幻着颜色，周围"波光粼粼的湖水"中的倒影若隐若现、瞬息万变。

（六）库姆塔格沙漠

库姆塔格沙漠（维吾尔语中是"沙子山"的意思），位于甘肃西部和新疆东南部交界处，大致位置北接阿奇克谷地—敦煌雅丹国家地质公园一线、南抵阿尔金山、西以罗布泊大耳朵为界、东接敦煌鸣沙山和安南坝国家级保护区，地理坐标：东经：90° 27' ~ 94° 48'，北纬：39° 00' ~ 40° 47'，该沙漠面积约 2.2 万平方千米。

库姆塔格沙漠的主体在新疆，在甘肃境内分布有 47% 的面积，在该沙漠地带已设立三个国家级保护区，他们分别是新疆罗布泊野骆驼国家级自然保护区、甘肃安南坝野骆驼国家级自然保护区和甘肃敦煌西湖国家级自然保护区。

（七）库布齐沙漠

库布齐沙漠，是中国第七大沙漠，在河套平原黄河"几"字弯里的黄河南岸（有的人称为河套沙漠），往北是阴山西段狼山地区。"库布其"为蒙古语，意思是弓上的弦，因为它处在黄河下像一根挂在黄河上的弦。古称"库结沙""破讷沙"，亦作"普纳沙"。库布齐沙漠是距北京较近的沙漠。位于鄂尔多斯高原脊线的北部，内蒙古自治区鄂尔多斯市的杭锦旗、达拉特旗和准格尔旗的部分地区。总面积约 1.39 万平方公里，流动沙丘约占 61%，长 400 km，宽 50 km，沙丘高 10 ～ 60 m，像一条黄龙横卧在鄂尔多斯高原北部，横跨内蒙古三旗。形态以沙丘链和格状沙丘为主。

库布齐沙漠东部水分条件较好，属半干旱区；西部降水少，跨入了干旱区。该沙漠区有较好的光、热、水，宜于粮食作物和经济作物生长。该沙漠东、中、西部各具特色，中、东部雨量较多，西部热量丰富。中、东部有发源于高原脊线北侧的季节性沟川约 10 余条，纵流其间，并具有沟长、夏汛冬枯、含沙量大等特点。

沙生植被为：流动沙丘上很少有植物生长，仅在沙丘下部和丘间地生长有籽蒿、杨柴、木蓼、沙米、沙竹等；流沙上有沙拐枣。半固定沙丘表现为：东部以油蒿、柠条、沙米、沙竹为主；西部以油蒿、柠条、霸王、沙冬青为主，伴生有刺蓬、虫实、沙米、沙竹等。固沙丘表现为：东、西部都以油蒿为建群种；东部还有冷蒿、阿尔泰紫菀、白草等，牛心朴子也有一定数量。

（八）乌兰布和沙漠

乌兰布和沙漠是中国八大沙漠之一，地处内蒙古自治区西部巴彦淖尔市和阿拉善盟境内 。在阿拉善沙漠的东北部，在银额盆地东北底部。

乌兰布和沙漠北至狼山，东北与河套平原相邻。东近黄河，南至贺兰山北麓，西至吉兰泰盐池。南北最长 170 km，东西最宽 110 km，总面积 100 多万公顷，海拔在 1 028 ～ 1 054 m 之间，地势由南偏西倾斜。

气候终年为西风环流控制，属中温带典型的大陆性气候，降水稀少，年平均降水量 102.9 mm，最大年降水量 150.3 mm，最小年降水量 33.3 mm，年均气温 7.8℃，绝对最高气温 39℃，绝对最低气温 −29.6℃，年均蒸发量 2 258.8 mm，无霜期 168 天，光照 3 181 小时，太阳辐射 150 kcal/cm^2，大于 10℃的有效积温 3 289.1℃，终年盛行西南风，主要风害为西北风，风势强烈，年均风速 4.1 m/s，风沙危害为主要自然灾害，但光热资源丰富，发展农业具有潜在优势。乌兰布和沙漠的荒漠植被隶属亚非荒漠植物区，亚洲中部区，阿拉善省东阿拉善洲。阿拉善省荒漠的东界就在乌兰布和沙漠的东缘，也就是亚洲中部荒漠区与草原区的分界线，而且是极为重要的植物地理学分界线。

植物地理成分古老而种类贫乏，以蒙古种，戈壁—蒙古种，戈壁种以及古地中海区系的荒漠成分占主导地位，世界种与泛北极区系成分十分贫乏。据初步采集与统计，乌兰布和沙漠境内共有种子植物312种，隶属49科169属，戈壁区系成分中一些地方性特有的单种属和寡种属的优势作用十分显著。灌木、半灌木占绝对优势。乌兰布和沙漠植物基本上都是沙生、旱生、盐生类灌木和小灌木组成，这些植物对当地生境有极强的适应性和抗逆性。

（九）毛乌素沙地

毛乌素沙地（Mu Us Desert，或 Maowusu Shamo）亦称鄂尔多斯沙地（Ordos Desert），是中国四大沙地之一，毛乌素，蒙古语意为"坏水"，地名起源于陕北靖边县海则滩乡毛乌素村。自定边孟家沙窝至靖边高家沟乡的连续沙带称小毛乌素沙带，是最初理解的毛乌素范围。由于陕北长城沿线的风沙带与内蒙古鄂尔多斯南部的沙地是连续分布在一起的，因而将鄂尔多斯高原东南部和陕北长城沿线的沙地统称为"毛乌素沙地"。毛乌素沙漠位于北纬37° 27.5'～39° 22.5'，东经107° 20'～111° 30'的范围内，包括内蒙古自治区的鄂尔多斯南部、陕西省榆林市的北部风沙区和宁夏盐池县东北部。

毛乌素沙地海拔多为1 100～1 300 m，西北部稍高，达1 400～1 500 m，个别地区可达1 600 m。东南部河谷低至950 m。毛乌素沙区主要位于鄂尔多斯高原与黄土高原之间的湖积冲积平原凹地上。露于沙区外围和伸入沙区境内的梁地主要是白垩纪红色和灰色砂岩，岩层基本水平，梁地大部分顶面平坦。各种第四系沉积物均具明显沙性，松散沙层经风力搬运，形成易动流沙。平原高滩地（包括平原分水地和梁旁的高滩地）主要分布全新湖积冲积层。沙区年平均温度6.0～8.5℃，1月份平均温度 -9.5～-12℃，7月平均温度22～24℃，年降水量250～440 mm，集中于7～9月，占全年降水量的60%～75%，尤以8月为多。年际之间降水变化大，多雨年为少雨年的2～4倍，常发生旱灾和涝灾，且旱多于涝。夏季常降暴雨，又多雹灾，最大日降水量可达100～200 mm。沙地东部年降水量达400～440 mm，属淡栗钙土干草原地带，流沙和半固定、固定沙丘广泛分布，西北部降水量为 250 ～ 300 mm，属棕钙土半荒漠地带。

1959 年以来，大力兴建防风固沙林带，引水拉沙，引洪淤地，开展了改造沙漠的巨大工程。当代的毛乌素治理，有政府和民间两种力量，民间自发治沙，企业投入治沙的事例比比皆是。政府方面则由宁夏、陕西、内蒙古三省区各自规划，国家林业局三北局审批并作指导。从 20 世纪 60 年代至今，经半个世纪的努力治沙，治沙成绩非常可观。21 世纪初经持续不懈地生态治理，使毛乌素沙漠 40 多万公顷流沙"止步"生绿。特别是历史上饱受风沙侵害的陕北榆林市，如今已建设成为"塞上绿洲"。静静的榆溪河流过繁华的市区，两岸杨柳葱郁，浩渺的红碱淖碧波荡漾，湖畔鸥鸟飞翔。

"科尔沁沙地、浑善达克沙地、呼伦贝尔沙地"距离项目实施地太远，不在这里一一叙述其特性。

第四节　中国防沙治沙回顾与展望

土地荒漠化是影响人类生存与可持续发展的全球挑战之一。全世界大约有 2/3 的国家和地区、1/5 的人口、1/4 的陆地面积受到荒漠化的危害，而且正以每年 5 万～ 7 万平方千米的速度扩展。中国是世界上受沙漠化威胁最为严重的国家之一。我国每年将近 4 亿人直接或间接受到荒漠化问题的困扰，严重制约我国生态安全和可持续的社会经济发展。近年来，我国的防沙治沙工作在探索中不断前进，积累和总结了众多防沙治沙模式和典范。

一、中国防沙治沙历程

沙漠与人类的"争斗"和人类社会的发展密切相关，在人类不同发展阶段，其激烈程度不同。沙漠在我国最早出现是在文学作品中，主要侧重描述古人的风土人情、经济贸易和文化活动，没有对沙漠地质、地貌形成专门的著作。近代，随着一些探险和科考活动的增加，人们才逐渐揭开了我国沙漠的神秘面纱；但对沙漠科学的真正研究和开展防沙治沙的实践活动，还是在新中国成立以后才有了质的飞跃。我国的防沙治沙工作按时间进程大致分为三个阶段。

（一）萌芽起步阶段：全民动员，进军沙漠

1949 年中华人民共和国成立之初，中央政府就已经开始重视我国的沙漠化问题，成立林垦部，组建冀西沙荒造林局，动员群众，开启漫漫治沙之路。1950 年由国务院牵头，成立治沙领导小组，在陕西榆林成立陕北防护林场。

进入 20 世纪 50 年代末，我国的防沙治沙工作空前高涨，在我国的陕西、榆林和甘肃民勤等沙区，实现了首次飞播造林种草实验，治沙技术不断提高。1959 年由中国科学院组织各领域众多科技工作者，对我国的大部分沙漠、沙地及戈壁开展综合考察，建立 6 个综合试验站及数十个中心站，初步形成我国北方沙漠观测、科研和试验网络平台。20 世纪 60 年代中期至 20 世纪 70 年代中期，由于受极左思想的影响，我国治沙事业受到严重阻碍，并且由于大规模的开荒垦地，造成我国各地生态环境急剧恶化，沙漠化问题日趋严重。

（二）初步发展阶段：国家意志，工程带动

1978 年国务院正式批复"三北"防护林体系建设工程，这项为期 73 年造林总任务 3 508.3 万公顷的工程，开启了我国重大生态保护工程建设的序章，唤醒国民生态保护的意识。20 世纪 80 年代，我国实施以经济、社会与环境保护协调发展为目标的可持续发展战略，政府先后颁布了一系列法律法规，对荒漠化地区自然资源的保护及管理提供了法律保障，巩固已有生态工程的治理成果，使我国防沙治沙工作进入初步发展阶段。

20 世纪 90 年代，我国防沙治沙工作快速发展，并不断完善，1991 年国务院召开第 1 次全国防沙治沙工作会议，之后又出台了《1991—2000 年全国防沙治沙规划纲要》《关于治沙工作若干政策措施的意见》等相关政策，防沙治沙已经纳入国家可持续发展规划，防沙治沙工作不断完善。

（三）稳步推进发展阶段：以外促内，全面提速

1994 年 10 月签署的《联合国防治荒漠化公约》，标志着我国的荒漠

化防治工作正式与国际接轨，同时建立由林业部门担任组长，19 个部（委、办、局）组成的中国防治荒漠化协调小组，从中央到地方，多层次、跨领域，齐抓共管的管理体制逐步形成。从第 1 个提交国家履约行动方案，到成功举办第 13 次《联合国防治荒漠化公约》缔约方大会，我国荒漠化防治工作由以外促进，达到国际领先的新局面。

2000 年伊始，退耕还林还草工程、京津风沙源治理工程试点等国家重大生态工程先后启动，开启了新时期由国家重大生态工程带动荒漠化治理的新高度。2001 年 8 月 31 日，在第 9 届全国人民代表大会上，通过了《防沙治沙法》，这是我国乃至世界上第 1 部防沙治沙方面的专门法律，此法律建立了防沙治沙的制度体系，界定了法律边界，奠定了依法治沙的基础。2005 年 8 月，《国务院关于进一步加强防沙治沙工作的决定》正式出台，同年，国务院批复《全国防沙治沙规划（2005—2010 年）》，明确了我国防沙治沙的长期目标和发展方向。2007 年 3 月，召开全国防沙治沙大会，明确全国防沙治沙"三步走"的思路。2013 年批复了《全国防沙治沙规划（2011—2020 年）》规划，明确了全国防沙治沙的基本布局、防治目标和任务。

十八大以来，生态文明建设已经被纳入"五位一体"总体布局的战略高度，荒漠化防治工作作为生态文明建设中必不可少的部分，迎来了前所未有的挑战和机遇。2016 年 6 月 17 日，在联合国《2030 年可持续发展议程》制定后的第一个"世界防治荒漠化和干旱日"，我国发布了《"一带一路"防治荒漠化共同行动倡议》，启动实施。"一带一路"防沙治沙工程。党的十九大报告提出了新时代生态文明建设的重要论述，防治荒漠化是践行绿水青山就是金山银山的必要前提，荒漠化防治工作迎来前所未有的契机，使其进一步快速稳定发展。

二、中国防沙治沙技术体系与模式

近年来，我国针对不同生物气候带，建立多种类型的沙漠化治理模式和系统的沙漠化治理技术体系，推动区域沙漠化的治理进程。如固沙植物材料的快速繁育技术体系、退化土地治理与植被保育技术、高大流动沙丘的机械阻沙技术、防风阻沙林带造林技术、水资源利用技术、沙漠沙源带封沙育草保护技术、弃耕还林还草防止土壤退化技术、沙化土地的综合治理技术体系、沙漠和沙漠化土地遥感监测技术等防沙治沙技术。

通过对这些成熟技术的组装和配套，实现了沙漠治理技术体系与模式的集成和创新，如包兰铁路沙坡头段"以固为主、固阻结合"的铁路综合防沙治沙体系的模式；发挥政府、企业和群众的力量，发展沙产业，使沙区百姓脱贫致富的"库布齐沙漠生态财富创造模式"；干旱区半干旱区实现以水定林的"低覆盖度防沙治沙"模式等。根据不同的气候、土地类型及经济、生态建设需求，有适用于极端干旱区的和田沙漠化防治模式，干旱绿洲的临泽、策勒模式，半干旱区的榆林模式，半湿润地区的延津、禹城沙化土地治理与农业高效开发模式，高寒区的共和县沙珠玉沙漠化防治模式等，不断打造出可以为全球荒漠化防治提供模板的"中国模式"。

三、中国治沙对世界的借鉴意义

（一）政府主导，依法防沙治沙

政府发挥主导作用，做好防沙治沙的总导演。我国是世界上第 1 个将防沙治沙纳入法律的国家，这在世界防沙治沙史上也是一次伟大的实践，该法荣获了 2017 年"未来政策奖"银奖。此外，我国政府还制定实施了《国务院关于进一步加强防沙治沙工作的决定》《全国防沙治沙规划（2011—2020 年）》《全国防沙治沙综合示范区规划（2011—2020 年）》《国家沙漠公园发展规划（2016—2025）》等相关法律法规，推行省级政府防沙治沙目标责任制，相继实施了一系列重大生态修复工程，对重点地区和薄弱环节进行严格保护和集中治理，基本形成了一整套的法律、政策、规划和考核体系，以及监测预警、工程建设、科研与技术推广、履约与国际合作体系，初步走出一条具有中国特色的防沙治沙道路。

（二）国际合作，推动全球荒漠化治理

荒漠化是人类共同面对的挑战，防治荒漠化应携手全球共谋福祉。我国不断加强双边、多边和区域国际合作，积极主导和参与荒漠化国际机制的

制定过程，如中非合作论坛、中国与阿拉伯国家、中国与海湾组织合作论坛、中日韩三国合作机制及东北亚环境机制等，都将荒漠化防治列为优先领域。推广我国荒漠化防治技术，如援西亚非洲干旱半干旱地区飞播治沙造林种草，在援埃及荒漠化防治示范及技术中心项目中，推介我国植物生根粉、植物生长调节剂技术和产品合作、推介风成沙建筑涂料加工及利用企业技术和产能合作等项目。构建国际合作机制，确定重点合作领域，如 2004 年成立的中国—阿拉伯国家合作论坛，是涵盖众多领域、建有 10 余项机制的集体合作平台，在 2014 年中国—阿拉伯国家合作论坛第 6 届部长级会议通过的《中阿合作论坛第六届部长级会议北京宣言》《中阿合作论坛 2014 至 2016 年行动执行计划》《中阿合作论坛 2014 至 2024 年发展规划》，荒漠化和土地退化治理领域是在此论坛框架下的重点合作领域之一。2011 年中国、韩国和蒙古成立了东北亚荒漠化、土地退化和次区域与网络的合作机制，该机制为推动区域防治荒漠化合作和减轻沙尘暴影响，发挥了积极的作用。2016 年 6 月 17 日，我国与"一带一路"沿线国家联合启动了《"一带一路"防治荒漠化共同行动倡议》，通过倡议提供的会议机制、信息共享和项目示范等多种机制，来推动"一带一路"沿线国家携手开展荒漠化防治。

（三）发挥我国防沙治沙优势，服务国家外交大局

国家高度重视荒漠化问题，将荒漠化防治纳入国民经济发展和外交总体战略。依托中非合作论坛，中阿合作论坛和中日韩三国机制等双边和多边机制，结合"一带一路"总体战略实施，不断推动我国境外沙源治理，维护国家生态安全，探索与阿拉伯国家、非洲、中亚、蒙古等地区和国家荒漠化防治的深入合作。

通过国家援外培训项目、与国际组织三方合作等，为发展中国家开展防治荒漠化技术和政策培训，"十二五"以来，已经为亚洲和非洲 80 多个国家、近 300 人开展了荒漠化防治技术和政策培训，广泛传播荒漠化防治的"中国经验"和"中国智慧"。如依托科研机构成立荒漠化国际培训中心，举办防治荒漠化高级研修班，启动中德合作中国北方荒漠化防治培训与支持措施项目等。主要国际培训班还有商务部主办、国际竹藤中心和国家林业局治沙办联合承办的"非洲英语国家荒漠化防治研修班"，各省、自治区科研单位

承办的荒漠化防治技术培训班、研修班和技术培训等等。通过荒漠化防治技术的培训，不仅将我国先进的防沙治沙经验推广至世界，还为扩大我国在荒漠化领域的国际影响力。

四、中国治沙走向世界

（一）深化影响国际规则，引领全球荒漠化防治

中国防沙治沙的 60 年，不仅是引领全球沙漠化防治的 60 年，还是深化影响国际规则的 60 年。国内方面，我国已经制定并发布了 20 多个有关环境保护的行政法律和法规，同时，将治理沙漠纳入国家经济和社会发展计划，把经济和环境保护重点放在同步计划、同步执行和同步发展的联合形式上。国际方面，通过不断加强合作，共同探讨防治荒漠化的新理念、新技术和新模式，拓展荒漠化防治领域，发展沙产业，更好地推进生态文明建设，推动绿色可持续发展。积极参加国际荒漠化领域重要会议、谈判和磋商，强化多边话语权，影响国际规则的制定。我国代表团先后多次担任《联合国防治荒漠化公约》科技委员会主席、缔约方大会副主席等职位，参加部长级论坛、议员圆桌等会议，并担任主题发言人，参加科技委员会特设专家组、政府间特设工作组、科学和政策建议专家委员会等重大问题的谈判。支持区域履约机制和加强科学技术支撑体系，推动公约 10 年战略实施、建立履约量化评估指标体系和制定全球土地退化零增长防治目标。积极推动建立履约审查委员会，支持加强区域履约机制和科学技术支撑体系，提出设立世界荒漠化和干旱日国际主题，强化宣传影响，倡导制定公约 10 年战略，设定全球防治目标等。通过多种形式国际、区域交流与合作，发出中国声音，影响国际政策。

中国在 60 多年的防沙治沙实践中，总结出 100 多项具有中国特色的荒漠化防治技术，这些治沙技术在非洲和亚洲的 40 多个国家和地区得到广泛推广和应用。中国的荒漠化防治，为根治"地球癌症"，开出以政府主导、科技支撑、工程带动和榜样激励等全方位综合防治机制为基础的"中国药方"，也为世界实现荒漠化趋势逆转，提供"中国经验"和"中国智慧"。

（二）认真履行国际公约，树立负责任大国形象

自 1994 年《联合国防治荒漠化公约》签署至今，我国一直以积极的态度与行动，在世界荒漠化防治领域担当先行者的角色。根据公约要求，建立国家荒漠化监测体系，奠定科学治理基础，并与公约履约评估指标体系接轨，调整和完善履约评估和报告体系，认真履行义务，通过多年的经验积累和工作实践，树立"世界履约看中国"的标杆。

近年来，中国不断发力，走出一条独具特色的中国治理沙漠化的道路，基本实现了由被动治沙向主动治理兼开发利用的模式转变，成效显著，成为世界上荒漠化防治成绩最显著的国家。

树立我国负责任大国的形象。利用大型国际会议和有影响的国际活动，传播我国生态文明理念，展示中国防治荒漠化的成效和经验。我国先后承办 1995 年亚洲部长级会议、1996 年亚非防治荒漠化合作论坛、2006 年妇女与荒漠化国际会议、2008 年联合国防治荒漠化国际会议、2014 年联合国可持续发展大会后续行动政府间工作组磋商等众多国际会议。2017 年 9 月，在鄂尔多斯成功举办《联合国防治荒漠化公约》第 13 次缔约方大会，向全球各国宣传中国生态文明理念，生动讲述中国防沙治沙故事，分享"中国经验"和"中国智慧"。

（三）中国经验"走出去"，全球行动"动起来"

1. 中国防沙治沙经验"走出去"

政府、民间，私营及科研等部门需要在区域乃至全球防治荒漠化问题上开展广泛的合作，搭建信息交流与经验共享平台，不断支持我国先进的防沙治沙技术"走出去"。目前，我国防沙治沙领域的技术已经达到全球领先水平，相关技术和成果为解决荒漠化这个世界性难题贡献了中坚力量"中国经验""中国模式"多次收入荒漠化公约大会文件和最佳模式汇编，成为全球防沙治沙的典范。更多的中国模式"走出去"，不仅在于生态财富的创造，更重要的是传递治沙思路、增强治沙信心、丰富治沙方法，加深人类对沙漠的科学认识，合理开发利用沙漠，为世界上更多的沙漠变成绿洲，带来无限可能和希望。

2. 全球行动"动起来"

携手防治荒漠化是构建人类命运共同体的大战略，我国应以身作则，率先实现土地退化零增长的示范，积极引领全球荒漠化防治的热潮。荒漠化防治全球行动应以国际合作为基础，充分发挥国际组织的协调作用，加强和落实区域和全球范围的双边、多边合作，不断推动全球荒漠化合作"动起来"。各国认真履行《荒漠化防治公约》，扩大《荒漠化防治公约》影响力，明确各荒漠化国家履约细则，提高各议定书约束力，促进联合履约。构建全球荒漠化监测网络，摸清全球荒漠化动态变化，编制各国荒漠化技术和需求清单，构建荒漠化防治技术信息交流共享平台，编制全球范围内的沙漠志，建立和建全国家沙漠公园，有效地保护自然沙漠（遗产）和沙漠文化（遗产）。

五、中国防沙治沙的未来展望

多年来，我国的防沙治沙方略在沙漠化治理的理论与实践中不断发展，为全球荒漠化防治提供示范。沙漠化是一场没有硝烟的战争，未来沙漠化的防治仍然任重道远。

（1）依法治沙，不断完善我国的防沙治沙法律体系。

（2）政府主导，社会资本参加，优化投资结构、调整投入中心，在政策扶持、宣传以及监管等领域，充分发挥政府的职能，明确地方政府责任。

（3）科技治沙，发展完善沙漠学科理论基础，促进建立沙漠化防治理论与技术体系，推动提高沙漠治理的科学技术水平。

（4）中国模式，大力推广完善沙漠治理模式与技术。

（5）评价体系，建立荒漠脆弱、退化生态系统分析和评价研究的评估指标体系。

（6）国际合作，重视沙漠化防治领域的"走出去"与"引进来"，增强国际合作与交流，广泛借鉴国外经验。

（7）新材料、新方法和新思路，充分发掘新型能源，节约治理成本，重视经济作用，发挥治理与利用两条腿走路。

（8）沙产业结合经济学、沙漠生态学和高新技术，把沙漠治理和经济发展结合，走沙漠化防治的生态经济模式。

▶ 第二章
植物防沙治沙技术

在经济发展过程中，长期不合理的开发和利用资源，严重破坏了生态环境的平衡，土地的沙漠化速度和规模越来越大，且严重威胁着人类生存，防沙治沙迫在眉睫。所以，加强防沙治沙造林技术的应用，具有非常重要的现实意义。本章内容包括植物防沙治沙概述、沙地造林种草技术。

第一节　植物防沙治沙概述

中国是受风沙危害较为严重的国家，土地沙化是我国最严重的生态问题之一，也是当前生态建设的重点和难点。土地沙化不仅恶化生态环境，而且破坏农牧业生产条件，加剧沙区贫困，给国民经济和社会可持续发展造成了极大危害。

根据国家林业局的数据，我国土地沙化面积由20世纪末年均扩展3 436平方千米转变为现在年均缩减1 283平方千米。土地沙化扩展的趋势已得到初步遏制，防沙治沙形势依然严峻。全国30个省份的889个县、旗、区分布有沙化土地。全国沙化土地174万平方千米，占国土面积的18%，影响着近4亿人的生产和生活，每年造成的直接经济损失达500多亿元，严重制约着经济社会可持续发展。已经治理的沙化土地，生态状况仍很脆弱，特别在沙区，人口、资源、经济压力仍然巨大。防沙治沙是我国长期而艰巨的工作，也是实现"美丽中国"战略的重要组成部分，生物治沙在防沙治沙过程中占据着积极的主导地位。中西部对于绿化植物的需求，和东部地区有较大区别，其中，防沙治沙植物发展潜力巨大。地沙化是影响人类实现可持续发展的环境问题之一。人类只有采取包括社会、经济、法律、技术措施在内的综合措施体系，才能有效地防治土地沙化。在防沙治沙措施体系中，技术措施是最为具体的防治措施，而其中的生物措施，即植物治沙措施，是防沙治沙最主要、最根本、最有效、应用最为普遍的措施。

植被建设，在沙化地区人工生态系统重建过程中是最为重要的角色。与其他治沙措施相比，植物治沙措施具有四个优点：①植物治沙成本较低，作用持久而稳定，适于大面积应用；②植物可以加速土壤形成过程；③植物可以绿化、美化沙区环境，全面改善沙地生态系统；④治沙植物可提供沙区群众急需的饲料、燃料、木材、肥料及社会需要的多种产品和工业原料。因此，植物治沙措施具有多种生态和经济效益，植物治沙的作用远远超出了单纯固沙的范畴。

植物治沙是用植物治理流动、半流动沙地，恢复和发展沙地植被，以取得最佳治理效果的技术。植物治沙需要具备植物成活、生长、发育的必要条件。在不同的地区、不同的条件下，必须选用不同的植物种、采用不同的整地、造林种草技术措施。

一、固沙造林的常规技术

（一）播种固沙

直播是用种子作材料，直接播于沙地建立植被的方法。直播技术在干旱风沙区有很多的困难，一方面，种子萌发需要足够的水分，但在干沙地通过播种深度调节土壤水分的作用却很小，覆土过深难以出苗，适于出苗的播种深度其沙土极易干燥。另一方面，由于播种覆土浅，风蚀沙埋对种子和幼苗的危害比植苗更严重，且播下的种子也易受鼠、虫、鸟的为害，因而成功的概率相对更低。

然而直播成功的可能性还是存在的，沙漠地区的几百种植物绝大部分是由种子繁殖形成的。一些国家在荒漠、半荒漠地直播燕麦、梭梭成功的事例也不少。我国也有在草原带沙区直播花棒，杨柴、锦鸡儿、沙蒿，在半荒漠地直播沙拐枣、梭梭成功的事例。鸟兽虫病的为害从技术上讲也是可以加以控制的。直播有许多优点，如直播施工远比栽植过程简单，有利于大面积植被建设。直播还省去了烦琐的育苗环节，大大降低了成本；直播苗根系未受损伤，发芽生长开始就在沙地上，不存在缓苗期，适应性强，尤其在自然条件较优越的沙地，直播建设植被是一项成本低、收效大的技术。

1. 植物种的选择

在草原区流动沙丘直播成功的植物种主要是花棒（*Hedysarum scoparium* Fish.et Mey.）、杨柴（*Hedysarum mongolicum* Turez.）等，柠条（*Caragana korshinskii* Kom.）和沙打旺（*Astragalus adsurgens* Pall），虽能播种成功，但需选择较稳定的沙丘部位，在草原区东部或森林草原直播更易成功。在半荒漠地区平缓流沙地播种沙拐枣（*Calligonum mongolicum* Turez.）、籽蒿（*Artemisia sphaerocephala* krasch.）、花棒也有大面积成功的范例，但在生产上的应用应比较慎重。播种后要注意保护和防治病虫、鼠、兔害。

2. 播期

就全国范围而言，春、夏、秋、冬都可进行直播，季节限制性比植苗、扦插小。我国西北地区7、8、9三个月的降水集中，风蚀沙埋、鼠、兔，虫害均较轻，有利于直播出苗，但因播种晚、出苗晚，苗木的当年生长量较小，木质化程度低，次年早春抗风力弱，保苗力差。因此，为延长生长季，应将播期提前至5月下旬至6月上旬，且在有保证播种成功的降雨条件的时期进行。

3. 播种方式

播种方式分为条播、穴播、撒播3种。条播按一定方向和距离开沟播种，然后覆土。穴播是按设计的播种点（或行距穴距）挖穴播种覆土。撒播是将种子均匀地撒在沙地表面，不覆土（但需自然覆沙）。条播、穴播容易控制密度。由于播后覆土，种子稳定，不会位移，种子应播在湿沙层中。条播播量大于穴播，以后苗木抗风蚀的作用也比穴播强。如风蚀严重，可由条播组成带。撒播不覆土，则播后至自然覆沙前在风力作用下，易发生位移，稳定性较差，成效更难控制，在播大、圆、轻的种子时需要大粒化处理。

4.播种深度

播种深度即覆土深度，这是一个非常重要的因素，常因覆土不当导致造林种草失败。一般根据种子大小而定，沙地上播小粒种子，覆土1～2 cm，如沙打旺、沙蒿（*Artemisia desertorum*）、梭梭（*Haloxylon ammodendron*）等。播大粒种子应覆土3～5 cm，如花棒、杨柴、柠条等，过深则影响出苗。出苗慢的草种、树种在沙地上播种是不适宜的。

5.播种量

撒播用种量最多，浪费大。穴播用种量最少，最节省种子。条播用种量居中。但对于直播固沙技术而言，需适当密些，播量要保证种苗数量。详细论述见飞播播量部分。

（二）植苗固沙

植苗（即栽植）是以苗木为材料进行植被建设的方法。由于苗木种类不同，植苗可分为一般苗木、容器苗、大苗深栽三种方法。此处只讨论一般苗木栽植固沙方法。由于苗木具有完整的根系，有健壮的地上部分，因此适应性和抗性较强，是沙地植被建设应用最广泛的方法。但从播种育苗、起苗、假植、运输到栽植，工序多，苗根易受损伤或劈裂，也易风吹日晒使苗木特别是根系失水，栽植后需较长缓苗期，各道工序质量也不易控制，大面积造林更为严重。常常影响成活率、保存率、生长量。因此，要十分重视植苗固沙造林的技术质量要求。

1.苗木的选择与保护

苗木的质量是直接影响成活率的重要因素，必须选用健壮苗木。一般固沙多用1年生苗。苗木必须达到标准规格，保证一定根长（灌木30～50 cm）、地径、地上高度，根系无损伤、劈裂，过长、损伤部分要修剪。不合格的小苗、病虫苗、残废苗坚决不能用来造林。

从起苗到定植前要做好苗木保护。起苗时要尽量减少根系损伤。因此，起苗前1～2天要灌透水，使苗木吸足水分，软化根系土壤，以利起苗。起苗必须按操作规程，保证苗根有一定长度。机器起苗质量较有保证。沙地灌木根系不易切断，必须小心操作，防止根系劈裂。要边起苗边拣、边分级，立即假植，去掉不合格苗木，妥善地包装运输，保持苗根湿润。

2. 苗木补定植与管理

将健壮苗木根系舒展地植于湿润沙层内，使根系与沙土紧密结合，以利水分吸收，迅速恢复生活力。

一般多用穴植，要根据苗木大小确定栽植穴规格，能使根系舒展不致卷曲，并能伸进双脚周转踏实。穴的直径一般不小于40 cm。穴的深度直接影响水分状况，我国半荒漠及干草原沙区，40 cm以下为稳定湿沙层，几乎不受蒸发影响。因此，穴深要大于40 cm。对于紧实沙地，加大整地规格对苗木成活和生长发育大有好处。

定植前苗木要假植好。栽植时最好将假植苗放入盛水容器内，随栽随取，以保持苗根湿润。取出的苗木置于穴中心，理顺根系后填入湿沙，填入至坑深一半时，将苗木向上略提至要求深度（根茎应低于干沙表层5 cm以下），用脚踏实，再填湿沙，至坑满，再踏实（如有灌水条件，此时应灌水，待水渗完后），覆一层干沙，以减少水分蒸发。如：沙地疏松，水分条件较好，栽植侧根较少的直根性苗木时，也可用缝植法。操作时用长锹先扒去干沙层，将锹垂直插入沙层深约50 cm，再前后推拉形成口宽15 cm以上的裂缝，将苗木放入缝中，向上提至要求深度，再在距缝约10 cm处，插入直锹至同一深度，先拉后推将植苗缝隙挤实、踏平，该法造林工作效率较高。

植苗季节以春季为好，通常是在3月中旬至4月下旬。如需延期栽植，需对苗木进行特殊的抑制发芽处理，如假植于阴面沙层中或贮于冷窖内。

秋季也是植苗的主要季节。此时气温下降，植物进入休眠状态，但根系还可生长，沙层水分较充足稳定，利于苗水恢复吸水，次年春季生根发芽早。有时为避免冬春大风抽干、茎干受害，也可截干栽植，留干长度可在地面上5～20 cm。

在草原一定流沙地湿度条件下，采用适当深植、合理密植的方法，争取造林后1～2年就接近郁闭，可不扎沙障。如密植密度接近于沙障，一般深度也能成活，且栽后就能起到防风积沙作用。

实践证明，栽植固沙成功的植物种有沙蒿、紫穗槐、花棒、杨柴。

（三）扦插固沙

很多植物的根、茎、枝等都可以繁殖新个体。如插条、插干、埋干、分根、分蘖、地下茎等。在沙区植被建设中，群众采用上述多种培育方法，其中适用较广、效果较好的是插条、插干造林，简称扦插造林。

扦插方法简单，便于推广，植物生长迅速，固沙作用大；就地取条、干，不必培育苗木。适于扦插造林的植物是营养繁殖力强的植物，沙区主要是杨（*Populus* L.）、柳（*Salix*）、黄柳（*Salix gordejevii*）、沙柳（*Salix psammophila*）、柽柳（*Tamarix chinensis*）、花棒、杨柴等。尽管植物种类不多，但在植被建设中作用很大。沙区大面积的黄柳、沙柳高干造林，全是靠扦插发展起来的。

1. 插条（穗）的选择与处理

从生长健壮无病虫害的优良母树上，选 1～3 年生枝条，插条长 40～80 cm，粗 1～2 cm，条件好用短插条，条件差用长插条；插条于生长季结束到次年春天树液流动前选割。用快刀一次割下，上端剪齐平，下端马蹄形，切口要光滑。

立即扦插效果较好（但紫穗槐条以冬埋保存者为好），插条采下后浸水数日再扦插有利于提高成活率。若插穗需较长时间存放，可用湿沙埋藏，用激素（ABT 等）进行催根处理可加速生根，提高成活率，促进嫩枝生长。

2. 常用扦插造林方法

一般在春秋两季扦插，多用倒坑栽植，随挖穴随放入插条（勿倒放），后挖取第二坑湿沙填入前坑内，分层踏实。再将第三坑湿沙填入第二坑，如此效率较高。插深多与地面平，沙层水分较差及秋插低于地表 3～5 cm。

（1）背风坡高干造林：流动沙丘背风坡主要特点是沙埋，一般认为此处不能造林。内蒙古鄂尔多斯市乌审旗谷起详成功地创造了背风坡高干造林方法。在草原地带地下水 20 m 以上的流动沙丘地上造林，固定了大面积流沙。具体方法是：

一是插干选择与处理。清明前选 3～4 年生，粗 4～6 cm 旱柳枝条，截成 2～5 m 长插干（长度取决于沙丘高度，以造林后不过度沙埋为宜）。将插干底部浸在水中，到清明后天气变暖，水温升高，再全部浸入水中 10～15 天，到谷雨将插干取出栽植。此时已充分吸水，愈合组织已形成，表皮泡软，芽苞萌动，栽后易生根发芽。

二是栽植部位与栽植技术。栽植部位选在落沙坡与丘间地交界处，此处有沙埋条件，保水力较强，肥力较高，少有杂草竞争水分。造林时随整地随栽植。整地时先将干沙层除去，再挖穴深 1～1.5 m，穴口径 0.5～0.6 m，将插干放入，填湿沙砸实，株距 2～3 m，过 1～2 年沙丘向前移动，在新的落沙坡脚再进行高干造林。

因干长不怕风蚀、沙埋、干旱，成活率高达 90% 以上，且收益快。

此法缺点是：因迎风坡未采取措施，虽成林但流沙未能完全固定；挖深坑太费工；大面积造林苗水来源困难等。

改进方法是：落沙坡脚造林同时在迎风坡下部种草栽灌固沙；挖穴应尽快实现机械化，采用挖穴机，以节省劳力和降低劳动强度；除用旱柳高干外，还可用杨树（河北杨、小叶杨等）大苗造林，以扩大苗木来源。杨树在迎风坡造林时易长成小老树，在背风坡造林能成材，其中以群众杨、合作杨生长最好。

因草原带落沙坡脚有独特小气候条件，水肥、温度条件相对较好，高干林的高、粗生长都大于一般沙地；根幅比一般沙地大 1 倍，根长大 7 倍。生根发芽先后也不同，高干造林先生根后发芽，一般造林先发芽后生根。

（2）钻孔深栽造林：试验证明，在地下水 1～3 m 条件下（水质含盐 1.1 g/L 以下），杨树长插干深栽成活率达 90% 以上，节省了平地、打井、修渠等投资 44%～70%。

造林技术：造林地选在水位 1～3 m 的沙土、沙壤土上，株行距 4 m×6 m 或 5 m×6 m。用钻孔机钻孔到地下水位以下 20 cm 左右，孔径 12 cm。苗木为 3 年生杨树截根插干，高约 5 m，胸径 3 cm 以上，苗干插到栽坑孔底，后用干沙填孔，摇动树干分层捣实。栽后在幼树四周和株间翻土除草，钻孔前不要整地。

插干造林在春秋两季，秋植在不灌溉条件下能安全越冬而不发生枯梢。插干栽在地下水位下 20 cm，冬季土温 6～9℃均可缓慢地生长根系，有的根系达 48 条，总长达 314 cm。插干浸水部分可通过皮部、切口和根系吸水。其成活率、生长量随栽植深度而增加，并认为干旱区杨树深栽必须使下端插入地下水中。在整个土层中插干上均有根系生长，但在毛管水上升层根系数量最多，下部 50 cm 土层中的根系比上面总和还多。由于水分供应充足，枝条叶片水分亏缺比常规造林小，而蒸腾速率比常规造林高，树木生长良好。

在有类似条件地区，钻孔深栽是个值得推广的造林方法。

（3）大苗深栽与长插条深插：长期以来，人们一直在探索提高造林成活率和降低成本及有效固定流动沙丘的固沙技术，因为在流沙上造林，环境因素等的不利影响（沙土水分不足、风蚀、过度沙埋等）难以消除。要消除风蚀，就要配合沙障保护，而沙障的设置是一项十分繁重而昂贵的工作，其费用要比苗木高得多。而沙障仅解决风蚀问题，对沙地水分不足仍无能为力。在这方面大苗深栽与长条深插取得了较好的成绩。长条深插是针对流沙的流动性和干旱的两个主要限制因子而设计的固沙造林方法。

应用此法应选择生长迅速，丛生性强，萌发不定根能力强的植物种，如杨、柳，刺槐（*Robinia pseudoacacia*）、黄柳、沙柳、柽柳等。

大苗深植、长条深插的技术规格：因不同国家、不同地区具体条件及造林目的、要求和方法不同，技术规格差异很大。总的来看，苗高 1～4 m，条长在 0.7～2 m 或更长，植深在 0.5～2.0 m 或更深。

（四）固沙造林配置的常用方式

由于流动沙丘地貌的特殊性及风沙危害的复杂性，常规方法造林成效极差。群众在长期治沙及生产实践中探索出在沙丘地造林的特殊方法。这些方法能较快地起到固沙作用，也可得到大量可用材，甚至实现某些特定的要求，取得事半功倍的效果。

1. 前挡后拉造林法

陕北群众在流动沙丘湿润丘间地背风坡前面营造乔木林或乔灌混交林，同时在沙丘迎风坡下部造灌木林。乔木林或乔灌混交林长成后可起挡沙作用，阻止沙丘前进；乔木林则起削弱沙丘流动作用。用此方法，丘顶可被逐步削平，为以后全面造林创造条件。

2. 攘沙腾地造林法

内蒙古巴彦淖尔市杭锦后旗牛二旦在荒漠、荒漠草原流动沙丘丘间地比较湿润的条件下，人工促进迎风坡风蚀，从而扩大丘间地造林面积，并在吹蚀下方造林，使沙子堆积在林内，用沙埋促进林木生长。经沙埋的树木有的树高生长量可达同龄林的 5 倍，堆积的沙子还可保墒，防止次生盐渍化。这种造林法被概括为："攘沙腾地，腾地造林，引沙入林，以林固沙"。

陕北也有类似撵沙腾地的方法，叫又固又放造林法。具体做法是：在一排排沙丘中把前后两排沙丘固定，中间沙丘用以清除植被，大风时用人工扬沙等方法促进沙丘移动，使沙粒堆积在前面固定的沙丘上，中间的沙丘则逐渐变成宽阔而较平坦的沙地，以作农田、果园之用。

内蒙古鄂尔多斯市达拉特旗展旦召治沙站在丘间地为浅色草甸土，水分、养分条件较好，但草根盘结不利于林木生长的流动沙丘区，选择迎风坡脚覆沙 1 m 处等高造林，此处既有薄层覆沙，又接近下层土壤及地下水，有利于林木生长，造林穴距 1 m，穴深 90 cm，口径 30 cm，每穴栽带枝沙柳 4 株（每穴 1 株），然后把地面 10 cm 以上枝条剪下均匀地放在栽植行内，起临时防蚀作用。这样，往往可形成 25～30 cm 细沙积成的沙埂，既保护林木不受风蚀又促进其生长。沙柳长成后可拦截风沙流中的沙子。在正常情况下，5～6 m 高沙丘可移动 8 m，在沙柳行前形成 8 m 宽平坦浅凹地，次年在新的迎风坡脚再栽沙柳。如此逐年推进，3～4 次可把沙丘拉平。

3. 沙湾造林

沙湾即流动沙丘的丘间低地，一般水土条件比沙丘优越，风蚀轻，可不必设置沙障而直接造林治沙。沙湾造林是利用丘间低地人工林促进风力拉削沙丘，导沙入林，第二年再在沙丘前移后新出现的丘间地（群众叫退沙畔），逐年追击造林，把流动沙丘逐渐消灭在林内，沙丘变成起伏不大的波状沙地。沙湾造林，在靠沙丘背风坡的丘间地应留出一段空地，其宽度根据沙丘高低和沙丘年前移动速度以及林木生长快慢来测算。如鄂尔多斯市地区高 3 m 以下的沙丘移动快，春季造林留出 6～7 m，秋季造林留出 10～11 m。3～7 m 高的中型沙丘，春季造林留出 3～4 m，秋季造林留出 7～8 m。乔、灌、草结合，是沙湾造林长期实践得出的可贵经验。鄂尔多斯市鄂托克旗羊城大队的做法是：距沙丘背风坡脚留出沙压带 3～5 m 后，开始插若干行沙柳，在下风侧再栽几行乔木，林下种苜蓿，次年在沙丘前移退出的退沙畔再造乔、灌木林和种牧草。这样连续造林种草 3～4 次，就可将沙丘拉平。对一个流动沙丘来说，前后的丘间低地都造林后，也就形成了"前挡后拉"的固沙造林局面。

4. 逐步推进

甘肃民勤沙区在治理 6～7 m 以下的沙丘时，先在迎风坡 2/3～3/4

以下坡面上设置黏土沙障，在障内营造梭梭等固沙林，这部分沙丘固定（固身），而上部丘顶流沙经风吹向背风坡脚，下削变低而平缓（削顶）。在治理高 8～9 m 以上的沙丘时，多采用在沙丘下部进行截腰分段、分期固沙造林，把沙丘化大为小，变高为低，成为起伏不太大的固定沙地。首先在沙层水分条件较好的迎风坡下部设机械沙障（黏土沙障），障内造灌木林（梭梭、沙拐枣等），上部沙丘吹蚀前移，逐渐演变成另一沙丘形态。用前法逐步推进 3～4 次，即可把沙丘完全固定。

5.2 行 1 带造林法

近年来，赤峰和通辽的一些林业工作者，在生产实践中采用 "2 行 1 带" 沙地造林法，在促进林木生长方面取得了良好效果。

具体做法是：在较好的沙地条件下（平坦、细粉沙土）采用株距 2 m，行距 2 m，2 行 1 带，带距 10～25 m，用抗旱造林法营造速生树种（杨树为主）。特点是 1 带只有 2 行，带距较大，通风透光条件良好，也有利于吸收水肥。每行树木都能充分发挥边行优势，因而树木生长较迅速，生物量比对照高 15% 以上。不同带距比较，以 25 m 带距较理想。林带间可以根据实际需要和具体条件，发展灌、草、作物、药材等，若将带距再适当加大，则可建成林、农、牧、果复合系统，可发展多项生产，发展生态农业，取得良好的生态与经济效益，是一个较好的沙地造林模式。

二、沙地植被保护与恢复技术

（一）封育

在中国防沙治沙工程十年规划中，有一项重要措施就是封沙育林育草治沙。规划要求全国封育治沙面积达 266.7 万公顷，占治沙面积的 40%，比人工造林（占 20%）和飞机播种（占 10%）两项之和还多。可见封育措施已成为重要的治沙方法而得到广泛的应用。

在干旱半干旱地区，原有植被遭到破坏或有条件生长植被的地段，实行一定的保护措施（设置围栏），建立必要的保护组织（护林站），把一定面积的地段封禁起来，严禁人畜破坏，给植物以繁衍生息的时间，逐步恢复天然植被。

1.封育的科学意义

封沙育林育草是在原有植被遭到破坏或有条件生长植被的地段，或有天然种下或有残株萌蘖苗、根茎芽苗的沙地实行封禁。采用一定的保护措施(设置围栏)，建立必要的保护组织（护林站），把一定面积的地段封禁起来，严禁人畜破坏，给植物以繁衍生息的时间，逐步恢复天然植被，达到防治沙害的目的。

封沙育林草的面积大小与位置要考虑需要与可能，封育时间的长短要看植被恢复的情况。封育要重视时效性，封育区必须要有植物生长的条件，有种子传播、残存植株、幼苗、萌芽、根蘖植物的存在，确实不具备植物生长条件时，则植物难以恢复。在以往植被遭到大面积破坏时，如存在植物生长条件，附近有种子传播的广大地区，都可以考虑采取封育恢复植被的措施以改善生态环境。封育不仅可以固定部分流沙地，更可以恢复大面积因植被破坏而衰退的林草地，尤其是因过牧而沙化、退化的牧场。因此这一技术在恢复建设植被方面有重要意义。

在我国干旱、半干旱、半湿润风沙地区、退化草场、被垦草地，封育是常用的措施，在几年内可使流沙地达到固定、半固定状态。内蒙古鄂尔多斯市金霍洛旗毛乌聂盖村，从1952年起封沙育草17 300多公顷，至1960年已由流沙地变成以沙蒿为主的固沙地。北疆生产建设兵团在准噶尔盆地南缘用封育方式建起一条宽3千米，长307千米，面积9.2万公顷的荒漠植被带，保护农田14.4万公顷；我国新疆、内蒙古自治区梭梭林的封育也取得了很好的效果。呼伦贝尔沙地现有樟子松约14万公顷，其中90%以上是经过人工封育发展起来的，每年封育成林的面积相当于人工造林速度的十倍。

2.封育类型设计

根据不同的目的和条件，分别采取不同的封禁办法。

全封：全封又叫死封，就是在封育初期禁止一切不利于林草生长繁育的人为活动，如禁止开垦、放牧、砍柴、割草等。封禁期限可根据成林年限和沙地土壤改良的标准确定，一般3～5年，有的可达8～10年。

半封：半封又叫活封，有按季节封和按植物种封两种。按季节封就是禁封期内，在不影响森林植被恢复的前提下，可在一定季节（一般为植物停止生长的休眠期内）开山，组织群众有计划地放牧、割草、打柴和开展多种经营。

按植物种封，就是把有发展前途的植物种都留下来，常年允许人们割草、打柴。

轮封：将整个封育区划片分段，实行轮流封育。在不影响育林育草固沙的前提下，划出一定范围暂时作为群众樵采、放牧之用，其余地区实行封禁。通过轮封，使整个封育区都达到植被恢复的目的。这种办法能较好地照顾和解决目前生产和生活上的实际需要，特别适于草场轮牧。

3. 封育方法

在设计时，对采用哪种封育类型，具体的封育范围、起止界限、面积，管护人员的配备，投资数量和来源，收益分配办法等，都要充分发扬民主，由群众充分讨论决定后，再正式公布执行。

封育的规模，应根据当地的实际情况，相对集中连片，才便于管护。封育的组织形式要从实际出发，尊重群众的意愿，可以乡、村或村民小组为单位，也可以由乡与乡、村与村、组与组，以及由自然村联合起来进行。目前，在群众多以家庭为单位经营自留地和责任地的形势下，应注意提倡自愿组合，实行联户封育的办法。

为了防止家畜进入封育区，最好有一定的保护措施。保护措施的采用要因地制宜、简单易行，牢固耐用。当前我国采取的保护措施主要有：拉刺丝网栏、建立围栏、挖防畜沟、围篱笆、筑土墙和垒石墙等。在当前畜草双承包的条件下，如能很好地看管和保护，不搞围栏同样可以达到草场封育的目的。

（二）草库伦

草库伦是我国牧民在建设草原中的一项创举。草库伦在最初阶段是作为防止草地退化，恢复草原生产力而采取的一种措施，对抗灾保畜起到很大的作用。但是随着畜牧业生产的发展，牲畜数量的增多，冬、春饲草不足的现象更为突出。为此，草库伦只作为封育备荒已不能满足当前的要求。于是便由封育草库伦进入到建设性草库伦，即进入到种草、水利和林网综合建设的新阶段。

1. 草库伦的种类

根据利用方式可分为：打草库伦、放牧库伦、打草放牧兼用库伦、畜群库伦等。以畜群库伦和打草放牧兼用库伦为多。

从内容上可分为：封育库伦、苗圃和林地库伦、饲料地库伦、草林料结合库伦和乔灌草结合库伦等。以草林料结合库伦较好，乔灌草结合库伦适合于治沙。

从经营管理可分为：家庭库伦、联户经营库伦、生产单位经营库伦等。

上述各种利用和建设形式的草库伦，将随水、草、林、机综合建设逐步向稳定、高产的人工饲草基地方向发展。

2. 草库伦的建设

当前应以建立畜群草库伦为主开展草库伦建设。建设草库伦应坚持"因地制宜、宜小不宜大、讲究实效"的原则。首先，必须根据当地的自然条件以及利用需要确定建什么性质的草库伦；其次，要有详细的设计和规划，以便达到高质量和高效益。为了能使整个草地得到合理利用，应以行政村或畜群点为单位做出统一规划，以便加强管理。以水利建设为重点的畜群草库伦是草原建设的一种新模式,这种小草库伦小型分散,易建易管,投资少,见效快。

（三）沙地草场改良

1. 沙地草场改良的意义

沙地草场改良的目的在于改善土壤结构和通气状况，调节土壤水分，补充牧草生长发育所需的养料，使土壤的水、肥、气、热比例适当，土壤肥力提高，进而提高草地的生产能力，改善牧草的种类、品质。

已退化、沙化的草场，通常是草场的环境条件恶化，植被稀疏，生产力不高，饲料品质低劣，难以满足牲畜对饲料的要求。所以，可以根据草场退化的程度、自然条件和经济上的可能性，采用适当的草场培育改良措施，使草场从根本上改变退化的局面，保护草场畜牧业生产的良性循环。

2. 草场改良的方法

在草场改良中，普遍采用两种方法，即治标改良和治本改良。

（1）治标改良：治标改良是在不改变草场草被的条件下采取的一些农业技术措施，以达到提高草场产量和质量的改良方法。这种不经过翻耕、播种改良草场的方法又称作表面或简单改良。

治标改良根据技术特点和对植被的影响，包括六项措施：①管理技术工作，一般包括清除地面的石块、土丘和灌木等。②改善和调节草场土壤水分状况，如灌溉、排水、除积雪和蓄水保墒等。③改善草场土壤通气状况，如松耙、浅耕、划破草皮等。④改善草场土壤的养分状况，如施肥及施用石灰等。⑤清除草场上的有害有毒植物及杂草。⑥丰富和复壮草群，如补播、封育等。

草场的治标改良，主要通过地面清理和平整，调节和改善草场的环境条件，科学的管理和正确、合理地利用人工补播、封育等措施，逐渐达到培育改良草场的目的。

（2）治本改良：治本改良是将天然草场全部翻耕，并根据地区草场生态条件的客观实际，建立以优良牧草或私用灌木、半灌木为主的人工草场的方法。它是一种比较彻底的改良方法，但要求技术条件高，花费大，需劳力多。在干旱地区，若经营管理不当，反而会产生不良的后果。

在风大沙多、干旱少雨，但有防沙保护措施和灌溉条件的沙区，可建立以优良豆科、禾本科牧草为主的人工草场。在风沙危害较重、缺乏灌水条件的干旱地区，可以采用带状翻耕，种植以高产、优质饲用灌木、半灌木为主的木本饲草地。在植物种类的选择上，不仅要求高产、优质，而且还必须具备抗风沙、耐瘠薄、抗旱、耐盐碱、抗严寒、耐沙表高温、生长迅速、分枝多和萌蘖性强等特性。

无论是治标改良还是治本改良，都应与草场的合理利用和科学管理结合起来。否则，一边进行改良，一边由于利用不当而造成草场破坏，致使改良工作收效不大，也不能持久。

（四）沙地植被更新恢复技术

1. 沙地杨树嫁接更新法

沙地的干旱、贫瘠是影响林木正常生长、成材，导致病虫害，形成劣质林分最主要的因素，在粗放经营条件下此情况尤为严重。近年来，河北秦皇岛海滨林场采取杨树嫁接的方法更新改造劣质低产杨树林，使之形成速生优质用材林，效果极其显著，受到基层欢迎。具体做法是：

第一步，秋季落叶后，选好良种杨树一年生（1 cm粗）健壮枝条，割下，长约1 m，放于窖内或湿沙中贮藏，温度要控制在0～4℃，既防失水，也防冻芽和发霉，作嫁接插穗备用。

第二步，第二年春将劣质杨树主干从地面以上 5～10 cm 处伐掉，锯口要平整。此伐墩作为良种杨嫁接的砧木。当检查伐墩杨树皮能离骨时，将锯口用利刃刮光，准备嫁接。

第三步，取出备用杨树枝条：由专人切成 8～10 cm 长接穗，留 3～5 个芽。将接穗下部用嫁接刀削成长圆形，放于盛水容器内备用。

第四步，嫁接时先将接穗下部长圆接口部分进一步削薄，露出韧皮部，然后用镰刀头在砧木木质部与韧皮部之间撬开一道缝，将削好的接穗木质部向内插入，插牢。每株伐壤接几穗取决于伐壤粗细，20 cm 直径可接 4 穗，15 cm 接 3 穗，10 cm 可接 2 穗。接穗分布要均匀。若伐树过早，伐墩表面已干，可先用镰刀将砧木老皮削下一片，直到韧皮部与木质部交界处，在削口处撬开一缝插接一穗。

第五步，第三人将事先备好的黄土（或黏土）于小桶内和水，成糊状，用此黄泥将接好插穗的外露缝隙全部抹严。

第六步，其他人用锹在行间取湿土将伐墩接穗培土盖严，形成土堆，土堆厚度要超过接穗上端 6 厘米左右，培土动作要轻，勿使插穗移动。用锹将土堆轻轻拍实、拍平。

第七步，砧木、接穗在气温回升的情况下，不到一个月就会萌出大批嫩芽破土而出，在芽高约 10～20 cm 时，将砧木上的萌芽全部去掉，一个接穗上只留一健壮芽，多余者去掉。以后还要多次检查，将插穗上新枝条叶腋的芽及时去除，每个接穗只保留一个主枝。

第八步，加强林地保护和水肥管理，防治病虫害。特别注意防治附近老杨树上透翅蛾的为害（可用性引诱剂除之）。

第九步，数月后湿土培护下的插穗接口附近就会开始生出自生根。据说母树（伐株）根系 3 年后死亡，失去吸收水肥能力。死亡之前由于有强大的母株根系和自生根同时吸收水肥，新生幼株生长极快，当年可达 3～5 m 高，地径 3～5 cm 以上，叶片像向日葵叶片大小，表现出极强的生长优势。三年后自生根已具规模，幼树已很健壮，为以后速生丰产打下基础。只要加强水肥管理，必能形成理想丰产林。

杨树嫁接是在干旱贫瘠沙地上改造劣质低产林分为优质丰产用材林的理想方法。它充分利用原根系极大的水肥优势，保证嫁接苗的快速生长，成本低、生长快、效益好，应在沙区改造更新低产杨树林分中大力推广。

2. 沙地杨树根蘖苗更新法

沙地种杨树根蘖繁殖能力强，将杨树伐后挖去主根，留下残根在土壤中，当年就会萌出一定数量的杨树根蘖苗，通过加强水肥管理，调节密度，一穴留下一株最好的，其他幼苗可以移出利用，栽于无苗穴中，从而实现优秀林分的更新。胡杨、山杨、毛白杨、河北杨、刺槐等乔木树种的根萌蘖能力强，可以通过上述方法更新。其方法虽然是一种快速、低成本的更新方法，但此类更新苗可能出现苗木强、弱、高、低不齐，有些栽植点可能无苗，而有些可能苗木很多，因此需要加强管理。移密补无，移强补弱。对弱苗加强水肥供应，促其生长，使林分趋向一致。

3. 沙地杨树萌蘖苗更新法

沙地因水肥不足，严重影响杨树等乔木的正常生长，特别是对林地更新带来困难。近年来，有些单位在沙地防护林更新中，利用某些乔木如毛白杨、刺槐等萌蘖能力强的特点，伐后产生大量萌蘖苗，选择其中一株最壮者培养，多余者均去掉，加强水肥管理，利用原根强大的吸收水肥能力，促进萌蘖苗迅速生长，实现良种林分的更新，尽快发挥防护作用。赤峰市太平地乡用此法培养防护林接班（更新）林，效果很好。它与嫁接原理近似，都是利用原根系的水肥优势促进新株快速生长。此法对更新沙地优良林分意义很大，除可用于防护林、用材林外；还可用于饲料林，实现乔木的灌木状经营。

此法更新简单，成本低，收效快，值得推广。

三、沙区防护林建设

（一）绿洲防护体系

1. 固草固沙沉沙带

该部分为绿洲最外防线，它接壤沙漠戈壁，地表疏松，处于风蚀风积都很严重的生态脆弱带。为制止就地起沙和拦截外来流沙，需建立宽阔的抗风蚀、耐干旱的灌草带。其方法：一是靠自然繁生；二是靠人工培养；实际上常是两者兼而有之。新疆维吾尔自治区吐鲁番市利用冬闲水灌溉和人工补播栽植形成灌草带，莫索湾150团封禁了3 000 m被破坏的梭梭林地促其幼林恢复。灌草带必须占有一定空间范围，有一定的高度、宽度和盖度才能发挥固沙防蚀、削弱风速的作用。在有条件时，宽度越宽越好，至少不应少于 200 m。灌草带形成后，一般都有很好的生态效益及一定的经济效益，但利用时要格外慎重，不能影响防护作用及正常更新。

2. 防风阻沙带

它是第二道防线，位于灌草带和农田之间，其作用是继续削弱越过灌草带的风速，沉降风沙流中剩余沙粒，进一步减轻风沙危害。此带因条件不同差异很大，勿要强求统一模式。

在不需要灌溉的地方，当沙丘带与农田之间有广阔低洼荒滩地，可大面积造林时，应用乔灌结合，多树种混交，形成实际上的紧密结构。大沙漠边缘、低矮稀疏沙丘区以选用耐沙埋的灌木为主，其他地方以乔木为主。沙丘前移，林带难免遭受沙埋，因此要选用生长快、耐沙埋树种（小叶杨、旱柳、黄柳、柽柳等），生长慢的树种不宜采用。为防止背风坡脚造林受到过度沙埋，应留出一定宽度的安全距离。

若地势不宽，林带较窄，林带应为乔灌混交林或保留乔木基部枝条不修剪，以提高阻沙能力。

营造多带式林带，带宽不必严格限制，带间应育草固沙。

在必须灌溉时，因水分限制，林带都较窄，20 m 左右即可，只有在外缘沙源丰富，风沙危害严重的地带才营造多带式窄带防沙林。其迎风面要选用枝叶茂盛、抗性强的树种。后面则高矮搭配。

如果第一道防线作用很强，第二道防线则以防风为主。第一道防线近期防护效果差，第二道防线则需有较大宽度，乔灌混交，紧密结构。如林内积沙，要清除出去铺撒在背风面。

3. 绿洲内部农田林网

它是干旱绿洲第三道防线，位于绿洲内部，在绿洲内部建成纵横交错的防护林网络。其目的是改善绿洲近地层小气候条件，形成有利于作物生长发育、提高作物质量产量的生态环境，这些和一般农田防护林的作用是相同的。不同的是它还要控制绿洲内部土地在大风时不会起沙。绿洲农田防护林的营造技术，详见风沙区农田防护林部分。

（二）沙区农田防护林网

沙地农田因干旱多风，土地易风蚀沙化，即使灌溉，也难以高产。营造农田林网对制止风蚀，保护农业生产有重要意义，是沙区农田建设的基本内容。

沙区护田林除一般护田林作用外，最重要的任务是控制土壤风蚀，保证地表不起沙。这主要取决于主林带间距，即有效防护距离。该范围内大风时风速应减到起沙风速以下。因自然条件和经营条件不同，主带距差异很大，根据不起沙的要求和实际观测，主带距大致为 15～20 H（H 为成年树高）。林带结构对防护作用有重要影响。乔灌混交或密度大时，透风系数小，林网中农田会积沙，形成驴槽地，极不便于耕作。而没有下木和灌木，透风系数 0.6～0.7 的透风结构林带却无风蚀和积沙，为最适结构。

林带宽度影响林带结构，按透风结构要求不需过宽。小网格窄林带防护效果好，有 3～6 行乔木，5～15 m 宽就合适。常说的"一路两沟四行树"就是常用格式。

半湿润地区降雨较多，条件较好，可以乔木为主，主带距 300 m 左右。半干旱地区沙地农田分布广，条件差，以雨养旱作为主，本区南侧多农田，北侧多草原，中部为农牧交错区。东部地区条件稍好，西部地区为旱作边缘，条件很差，沙化最严重。沙质草原一般不风蚀，但大面积开垦旱作，风蚀发展，极需林带保护。因条件差，林带建设要困难得多。东部树木尚能生长，高可达 10 m，主带距 150～200 m；西部广大旱作区除条件较好地段可造乔木林，其他地区以耐旱灌木为主，主带距仅 50 m 左右。

干旱地区农田林网多为半荒漠、荒漠绿洲，因条件更严酷，成为灌溉农区。由于此区有灌溉条件，林带营造技术较容易。但本区风沙危害多，采用小网格窄林带。北疆主带距 170～250 m，副带距 1 000 m；南疆风沙大，用 250 m×500 m 网格；风沙前沿用（120～150）m×500 m 的网格，可选树种也多，以乔木为主。

（1）农业防风沙措施，其中包括：发展水利，扩大灌溉面积；增施肥料（粪肥、绿肥等）改良土壤。

（2）旱作农业措施：带状耕作，伏耕压青，种高秆作物和作物留茬等都是有效措施。

（三）沙区牧场防护林体系

我国沙区草原广阔，潜力极大。但因气候干旱，条件恶劣加上长期草场过牧，草地滥垦，乱挖药材，多年来缺乏有效的保护和投入，以致草地荒漠化最为严重。

1. 护牧林营造技术

树种选择可与农田林网一致，但要注意其饲用价值，东部以乔木为主，西部以灌木为主。主带距取决于风沙危害程度。不严重者可以25H（H为树高）为最大防护距离。严重者主带距可为15H，病幼母畜放牧地可为10H。副带距根据实际情况而定，一般400～800 m，割草地不设副带。灌木带主带距50 m左右。林带主带宽10～20 m，副带7～10 m，考虑到草原地广林少，干旱多风，为形成森林环境，林带可宽些，东部林带6～8行，乔木4～6行，每边一行灌木，呈疏透结构或无灌木的透风结构。生物围栏要呈紧密结构。造林密度取决于水分条件，条件好可密些，否则要稀些。西部干旱区林带不能郁闭。

2. 造林技术

草原造林必须整地。为防风蚀可带状、穴状整地。整地带宽1.2～1.5 m，保留带依行距而定，钙积层要打破。整地必须在雨季前，以便尽可能积蓄水分。造林在秋季或次年春季进行，开沟造林效果好，先用开沟犁开沟，沟底挖穴。用2～4年大苗造林，三年保护，旱时尽可能灌水，夏天除草、中耕蓄水。灌木要适时平茬复壮。在网眼条件好的地方，可营造绿伞片林，既为饲料林，又做避寒暑风雪的场所。有流动沙丘存在时要造固沙林，以后为饲料林。在畜舍、饮水点、过夜处等沙化重点场所，应根据畜种、数量、遮阴系数营造乔木片林保护环境。饲料林可提高抗灾能力，提高生产稳定性，应特别重视。在家畜转场途中适当地点营造多种形式林带，提供保护与饲料补充。

牧区其他林种如薪炭林、用材林、苗圃、果园、居民点绿化等都应合理安排，纳入防护林体系之内。实际中常一林多用，但必须做好管护工作。

为根治草场沙化还应采取其他措施，如封育沙化草场，补播优良牧草，建设饲料基地。转变落后经营思想，确定合理载畜量，缩短存栏周期，提高商品率，实行划区轮牧，都是同样重要的。

（四）沙区道路防护林

1.风沙危害

风沙区的道路破坏主要表现在：一是风沙破坏道路路基；二是埋压道路，因而由于沙子堆积或沙丘不断移动，阻断交通，道路往往被迫改道。

2.无风沙危害地段防护林营造技术

无风沙危害地段主要位于草原沙区，该地区条件稍好，降雨250～500 mm，有植物生长条件，以植物固沙为主、机械固沙为辅。防护带宽度取决于风沙危害程度。防护重点在迎风面。一般以多带式组成防护体系。带宽在 20 m 左右，带距 15 m 左右。带内要除草，带间要育草，林带外缘留一定宽度育草固沙。林带要有专人保护，严防人畜破坏。树种，在东部应当乔灌结合，西部应选用耐旱灌木，条件差的立地，初期可设置平辅式、半隐蔽式、立式、立秆草把沙障保护苗木，以后不需再设沙障。

（1）树种选择与造林技术：本区选择的乔木主要有（主要指东部）小叶杨（*Populus simonii* Carr）、樟子松（*Pinus sylvestris* L）、油松、旱柳（*Salix matsudana* Koidz）、白榆（*Uimus pumila* L.）等；灌木有胡枝子（*Lespedeza bicolor* Turcz.）、紫穗槐、黄柳、沙柳、小叶锦鸡儿（*Caragana microphylla* Lam）、山竹子（*Garcinia mangostana* L.）等；半灌木有杆蒿、油蒿等；向西部应增加柠条、花棒、杨柴、籽蒿等；灌木半灌木比重增加，乔木比重减少，以致不用乔木。配置上，东部应乔灌草结合，条件好的地段以乔木为主，较差地段以灌木为主；西部以灌木为主，能灌溉地段应乔灌草结合。

（2）在造林技术上强调注意的事项：①远距路基（百米以外）的流沙沙丘顶部、上部可不急于设障造林，待丘顶削低后再设障造林；②要根据立地条件和树种生物学特性合理配置树种；③严格掌握造林技术规程，保证造林质量；④降水 400 mm 地区，造林应争取一次成功。

3.严重沙害地段防护林营造技术

严重沙害地段主要集中在半荒漠沙区和荒漠沙区，大部分沙区道路分布在这两个地区,年均降水量不足200 mm,蒸发量3 000 mm以上,沙丘高大、地下水位深,条件严酷。

该区造林多在春秋两季进行,以秋季为主,方法多为植苗造林;黄柳、沙柳用扦插繁育;油蒿可于雨季撒播。直播因限制因子太多,生产上很少采用。造林设置以下几个带:

(1)灌溉造林带:该带出现是由于沙坡头地段条件恶劣,干旱年份造林成活率不高,降雨只能维持稀疏耐旱灌木的生长,对成片灌木水分显得十分不足,植株枯萎退化,若遇连续干旱、特别干旱年份植被大面积死亡,大有流沙再起之势,给人以不安全感。本着有水则湿,无水则旱的原则,建立较高质量的灌溉林带是必要的。在实践中筛选出成功的乔灌木树种有二白杨、刺槐、沙枣、樟子松、柠条、花棒、黄柳、沙柳、紫穗槐、小叶锦鸡儿、沙拐枣等。实践中发现,尽管有水灌溉,但因肥力不足,灌木生长优于乔木,混交林仍应以灌木为主。通过试验与实践总结出灌水量与间隔期,乔木半月灌水一次,每亩定额33 m^3,灌木每月灌水一次,每亩每次66 m^3,灌溉林带有很好的防护效益,极大地改善了公路两侧的荒凉景观。

(2)草障植物带:在灌溉带外侧,迎风面240 m左右,背风面160 m左右,流沙全面扎设1 m×1 m半隐蔽式麦草方格沙障;然后两行一带(隔一行),株行距1 m×1 m,栽植沙生旱生灌木(花棒、柠条等)。实际上扎沙障、造林都不可能一次成功,需反复多次。在此生物措施、工程措施同等重要。

在造林初期已试验过几十种乔灌草植物种,筛选出一批优良的固沙植物,主要有:花棒、柠条、小叶锦鸡儿、头状和乔木状沙拐枣、黄柳、油蒿等。

造林前先划分立地条件。根据不同立地条件,结合植物物种生物生态学特性,进行合理配置。实践发现,全面均匀造林效果不好的原因还是水分问题。垂直主风带状栽植效果较好,通常两行一带配置,株行带距为1 m×1 m×2 m,油蒿株距0.5 m,混交类型中以柠条 × 花棒、柠条 × 油蒿、花棒 × 小叶锦鸡儿效果较好。

造林在春秋两季进行,以秋季为主,方法多为植苗造林;黄柳、沙柳用扦插;油蒿可于雨季撒播。直播因限制因子太多,生产上很少采用。

在麦草沙障和植物长期共同作用下,林地表面形成了沙结皮,这是治沙成功的标志，表明流沙正向土壤发育。表层沙土组成变细，黏力增加，肥力提高，抗风蚀能力增强，微生物、低等生物数量大量增加。但沙结皮的存在影响了降雨时地表的透水性能。

（3）前沿阻沙带：为保护草障植物带外缘部分的安全，用高立式沙障建立前沿阻沙带。该带用柽柳或枝条，地上障高 1 m，地下埋 30 cm，加固成折线形，设置在丘顶或较高位置，起阻沙积沙作用。

（4）封沙育草带：在阻沙带迎风面百米范围内，局部沙丘迎风坡采取封沙、设障、栽灌木的方法，促其自然繁殖，减轻阻沙带压力。

对固沙植物要加强管护，建立专门护林机构，严禁破坏。如无灌溉条件只能依靠机械固沙措施，需要建立灌溉植物防护带，带宽视沙害程度而定，重点保护迎风面，建多带式防护林。由危害严重、一般到轻微，迎风面可设 1 带到 3 带，背风面一带。带宽 30 ~ 50 m，带距 40 ~ 50 m。树种乔灌结合，结构前紧后疏。

在树种选择方面：灌溉造林可选用较多树种，乔木有二白杨、新疆杨、银白杨、沙枣等，灌木有柽柳、柠条、锦鸡儿、花棒、梭梭等。配置上乔灌结合，形成前紧后疏结构。

造林方法多用开沟积沙客土造林法。戈壁上石多土少，需先开沟积沙，沟深 40 ~ 50 cm，宽 40 cm，自然积沙，蓄满后挖穴造林。

灌溉由于戈壁渗水快，要少灌勤浇，半月灌一次，流量 80 m³/ 亩，4月下旬开始至 10 月下旬。林内除草，带间育草。

4. 线路防护措施

（1）路基防护：路基的防护工作量大，面宽线长，采用哪种方法，要看沿线防护材料的供应情况，因地制宜、就地取材、因害设防。

平铺或叠铺草皮：平铺或叠铺草皮多用于线路附近有沼泽草甸或下湿滩地，有取草皮条件的地区。草皮可截成长方形，铺时草面向外，使根部与湿地相接，块块相连，下铺于路基边坡上，以防风蚀、水蚀。

黏性土包坡：这是沙区公路路基常用的一种经济而有效的防护措施，防护边坡要求厚度 5 ~ 10 cm，路肩为 10 ~ 15 cm。

砾卵石防护：可将砾卵石全面下铺在边坡或路肩上，在路肩上平铺砾卵石可掺些黏土于孔隙中，以增加其稳固性。另外也可采取用大块砾卵石砌成方格，格内平铺小粒径砾卵石的方法。

（2）路基两侧综合防治：为了保证道路路基免受沙埋，要在其两侧一定的范围内（如 100 ～ 200 m 或更远范围内）进行防护。

防护方法采取因地制宜、因害设防，铺设整平带，设浅槽与风力堤输沙，工程固沙和植物固沙相结合的措施。

在道路的两侧营造防护林带或片状固沙林，这是防治公路风沙危害的最根本的一种措施，也是改善道路穿过区环境的根本性手段。

第二节　沙地造林种草技术

一、沙地乔木造林技术

（一）胡杨育苗、造林技术

1. 适栽范围

中国北方沙地、盐碱地。

胡杨（学名：*Populus euphratica*）是被子植物门双子叶植物纲五桠果亚纲杨柳目杨柳科杨属的一种植物，是落叶中型天然乔木，直径可达 1.5 m，木质纤细柔软，树叶阔大清香。耐旱耐涝，生命顽强，是自然界稀有的树种之一。胡杨别名异叶杨，属杨柳科落叶乔木，胡杨耐盐，幼龄只能生长在土壤盐量为 0.1% ～ 4.5% 的弱、中性盐渍土上。随着年龄的增长，可生长在土壤含盐量 50% 的特强盐渍化土上，抗风力强，耐沙埋，萌生根蘖力极强，水平根系特发达，单株即可延伸成片林。

2. 育苗造林技术

育苗：胡杨 4 ～ 5 月开花，6 ～ 8 月果熟。种子千粒重 0.08 ～ 0.203 g。种子粒小，采种后最初 3 ～ 5 天发芽率在 90% 以上，一个月后降至 10% 以下，甚至完全丧失发芽力。

胡杨扦插生根率低，常用种子繁殖，播种量每亩 0.5 kg。一般下种于河流附近及低湿地。胡杨采种后应抢播，3 ～ 5 天即可出苗，晚播种子成熟也晚，当年苗不过 1 cm，越冬困难。为此，改冬播为翌年春播，进行隔年贮藏处理，胡杨种子与豌豆种子（占胡杨重量的 14%）及氯化钙（占胡杨重量的 2%）混合，瓶装密封，贮于两米深坑中或水井内，翌年 5 月可保持原发芽率的 95%。胡杨春播当年育苗高 1 m，径基 0.6～0.8 cm 时，即可出圃造林。

胡杨育苗用排水良好的沙壤土条播或撒播，覆以沙土，深度以似见非见种子为宜，最深不过 2 cm。播种 10 天内每天浅灌一次，保证湿润的床面以利于发芽。

由于胡杨营养繁殖能力强，能从根部不定芽萌发根蘗形成新株，所以胡杨也可以采用根蘗法繁殖。可采用断根的方法，促进根系产生根蘗苗。

造林技术：轻盐碱地，在水分充足的条件下，可采用直播造林。直播造林方法与垄床育苗方法相同。造林当年秋季落叶后或翌年春天萌芽前，按 1 m×1 m 的株行距选留壮苗。幼林生长 3～5 年后，进行间伐。

干旱、盐碱和杂草多的造林地，多用植苗造林。常用沟植和穴植法春季造林，造林密度以株行距 1 m×（1.5～2）m 为宜，造林后经常浇水是保证成活的关键。据新疆林业科学研究所的调查材料表明，胡杨、柽柳混交林，可以减轻土壤盐碱程度，增强胡杨的适应能力。胡杨是荒漠地区特有的珍贵森林资源。常生长在沙漠中，它耐寒、耐旱、耐盐碱、抗风沙，有很强的生命力。胡杨林是荒漠区特有的珍贵森林资源，它的首要作用在于防风固沙，创造适宜的绿洲气候和形成肥沃的土壤，千百年来，胡杨毅然守护在边关大漠，守望着风沙。胡杨也被人们誉为"沙漠守护神"。胡杨对于稳定荒漠河流地带的生态平衡，防风固沙，调节绿洲气候和形成肥沃的森林土壤，具有十分重要的作用，是荒漠地区农牧业发展的天然屏障。

（二）沙枣育苗、造林技术

1. 适栽范围

沙枣适栽范围为中国北方干旱区、荒漠和半荒漠地带。

沙枣又名桂香柳、银柳，胡颓子科胡颓子属落叶小灌木。高 7 m，幼枝银白色。果实椭圆形，黄色，约 1 cm 左右，外被黄色或银白色鳞斑。沙枣为落叶乔木，它的生命力很强，具有抗旱，抗风沙，耐盐碱，耐贫瘠等特点。天然沙枣只分布在降水量低于 150 mm 的荒漠和半荒漠地区。沙枣主要分布在我国西北地区和内蒙古，东北地区也有记载，河南、晋西北也引种栽培。垂直分布在海拔 1 500 m 的地带。

2.育苗造林技术

育苗：沙枣种子于 9 月中旬至 10 月中旬成熟（见图 2-1）。沙枣成熟后可碾去果肉，将种子洗净晒干，贮藏备用。种子在干燥通风的室内堆藏，堆层厚度不超过 1 m，贮藏良好的种子，5～6 年后发芽率仍可达 60% 以上。沙枣种皮坚硬，发芽困难，播种前必须催芽，常用层积催芽法，如接近播种期，可用 70℃ 的温水浸种三昼夜，每日换水一次，然后与湿沙混合放于室内催芽。

沙枣以种子繁殖为主，湿润地区亦可以扦插。沙枣种子千粒重 250～380 g，出芽率为 46%～57%，种子应在干燥通风的室内贮藏。春季播种时，种子需要经催芽处理。培育的沙枣苗也可在秋季播种。秋季播种虽可减少催芽工序，但种子在地里生长时间长，容易遭受鼠害，影响苗木质量。春季播种时间不宜过早，3 月中旬至 4 月下旬播种。生产上多采用春播，

图 2-1　毛乌素沙地沙枣

不论秋播或春播，均采用宽幅条播，播幅 8～10 cm，行距 20 cm，覆土 3～4 cm。

沙枣造林：造林方法多用植苗或插干。春秋季节造林均可，以春季为好。

在无灌溉地区，宜选择地下水位高、盐渍化轻的沙壤土，以生长芦苇、冰草、白草、甘草、野青茅、刺儿菜等的土壤最好。在风沙区的流沙地也可造林，重盐土、光板地、露沙地、黏土等不宜选择。沙枣造林时，可与小叶杨、白榆、洋槐、紫穗槐混交。为了提前郁闭，造林可用株行距皆为 1 m 的密度，4～5 年后隔行间伐，使行距增加为 2 m。在水分条件好的地方，可插干造林，成活率也高（见图 2-2）。

沙枣侧枝横生，不宜形成直立主干枝，影响林分质量。因此，很多地方多用作防护林而不作为材林使用，但如果加强修枝抚育，仍可培育为较好的木材。据资料记载，3 年生幼林，在冬季修枝达高 1/2 的情况下，其增高生长达 10％，胸径生长更为显著。

图 2-2 毛乌素沙地枣种植技术

（三）国槐

1.适栽范围

国槐适栽于黄土高原和华北平原。

国槐耐旱耐寒，幼时稍耐阴，长大后喜光，忌水湿，在低湿积水的地方生长不良；不耐阴湿而抗旱，在低洼积水处生长不良，深根，对土壤要求不严，较耐瘠薄；在石灰及轻度盐碱地（含盐量0.15%左右）上也能正常生长，但在湿润、肥沃、深厚、排水良好的沙质土壤上生长最佳；耐烟尘，能适应城市街道环境；病虫害不多，寿命长，耐烟毒能力强，甚至在山区缺水的地方都可以成活得很好。

2.育苗、造林技术

3月上旬，将种子放入80℃的温水中，边放边搅，直至水温降到40℃为止。除去杂质，浸泡2～3天，浸泡时要注意每天换30℃的温水2次。

营养钵育苗。选地势平坦、排水良好、背风向阳处，挖宽1 m至1.5 m，深30～40 cm的池子做苗床，用沙壤土加上过筛后的农家肥20%作为营养土，用棉花制钵器制钵，把营养钵摆于床内，均匀洒水一次。每钵放2～3粒种子，上面撒1 cm厚的湿润细土，用塑料薄膜弓形覆盖、封闭4周，10天左右幼苗出土。幼苗出土后，床内温度控制在40%以下，床面保持湿润。待苗高15～20 cm时，炼苗3～5天后，即可进行大田移栽。

苗期管理。国槐苗移栽成活后，要及时进行中耕除草，松土保墒。必要时进行浇水并每亩追施尿素15 kg。2年、3年生苗木粗生长加快，应于春季每亩施入饼肥50 kg，夏季追施尿素2～3次，并加强苗木病虫害防治。种子繁殖，9～10月间采种，种子千粒重119～144 g。

（四）火炬树

1.适栽范围及习性

江南各省区，吉林、黑龙江、宁夏、甘肃等地酸性和微酸性的土壤。火炬树（*Rhus Typhina.*）又叫鹿角漆，极耐旱，萌蘖力强。是优良的水土保持树种和园林绿化树种。

我国的主要栽培区为江南的一些省区，但近几年北方的一些省区相继引种成功，吉林、黑龙江、宁夏、甘肃都有栽培。火炬树耐旱、抗寒、耐瘠薄、抗风沙、喜酸性和微酸性的土壤（见图2-3），怕水湿、忌盐碱，在沙石土壤、退化牧场和风蚀裸地、水蚀沟坡都能生长。

图2-3　五年生沙地火炬树

2.育苗、造林技术

火炬播种育苗需先整地，地一般整成畦状，一般床宽1 m。打床前先用生石灰对土壤消毒，每亩地用量10～15 kg，打床的同时可施底肥，如采用化学施肥可在播种时施入，用量视地力而定。一般施农家肥为每亩2～5 m³，二铵等为每亩10 kg左右。

火炬树种子外被蜡质，种皮坚硬，采用常规种子处理方法出苗率低。可采用浓硫酸处理，先把一份浓硫酸放入缸中，然后倒入3份种子，并不断搅拌，使种子与浓硫酸充分混合而不成块状，大约20分钟，种子外皮蜡质成黑粉状脱落，种皮发软，这时将清水倒入缸内，搅拌清洗，并不断换水和清除杂质，洗净后将种子捞出，加温25℃催芽，24小时后种子约有2/3露白时即可进行播种。此种处理方法种子发芽不齐，可以分期播种，芽过长时，种子发芽率反而降低。

火炬树播种期在吉林省为 5 月上旬，条播、穴播均可，但以条播居多。条播时，将床宽用木齿耙出深 2 cm 左右的沟，行距为 20 cm，踩底格后将种子以 2 ~ 3 cm 左右的间距均匀撒播在沟中，覆土 1.5 cm 后用木板拍平；穴播的方法与条播相似，穴播 15 cm 左右，即沿床宽均匀分布六穴，每穴点种 3 ~ 5 枚。种根育苗的整地方法与播种育苗相同。将根粗在 0.5 ~ 1.5 cm 之间的水平侧根剪成 10 ~ 15 cm 的种穗，水平种于土内，覆土 2 cm 左右，稍镇压即可。播种密度为 30 ~ 50 株 /m²，0.8 cm 以下的细根密度宜大些，以保证出苗率。火炬树根蘖萌发能力极强，春季在林内沿树周围以 0.5 cm 左右的间距用锹断根，秋季也可得到数量可观的苗木。4 年生以上的火炬树林内自然根萌苗很多，只要结合每年起苗施入适量的肥料，就可以保证产苗率。而又不影响树木的正常生长。火炬树对立地条件要求不严，适宜造林季节为 4 月下旬至 5 月上旬。在特别干旱的地区造林，林木成活之前要维持一定的水分，用化学保水技术，也可在栽树后浇水再用地膜覆盖，以保证树木成活率。提倡就近育苗，就近造林，即起即栽，尽量不要越冬贮藏和长期假植。喜光，耐寒，对土壤适应性强，耐干旱瘠薄，耐水湿，耐盐碱。根系发达，萌蘖性强。

火炬树造林的密度视营林目的而定，一般水土保持林和薪炭林宜密些，可采用 1 m×1.5 m 的株行距，急需恢复植被的地方宜密些，株行距可采用 0.5 m×0.5 m。

二、沙地灌木造林技术

（一）梭梭

1. 适栽范围

梭梭 [*Haloxylon ammodendron* (C. A. Mey.) Bunge]，藜科、梭梭属植物，落叶小乔木，是长在沙地上的固沙植物，树干地径可达 50 cm。树皮灰白色，木材坚而脆；老枝灰褐色或淡黄褐色，通常具环状裂隙；当年枝细长，斜升或弯垂，节间长 4 ~ 12 mm，直径约 1.5 mm。叶鳞片状，宽三角形，稍开展，先端钝，叶腋间具棉毛。也可以作为牲畜的饲料，被誉为"沙漠人参"的名贵中药苁蓉就寄生在梭梭树的根部。梭梭别名梭梭柴、琐琐。

分布于沙漠（见图2-4）、戈壁之中，总面积约有973万公顷，占我国沙漠总面积的15%左右。适应的土壤条件很广泛，适生于荒漠区地下水位较高，有一定含盐量的壤质或沙壤质土上，常发育成高大的郁密丛林。它耐寒、耐旱、抗盐碱，具有发达根系，可利用4～5 m深的地下水生长在沙砾质戈壁、沙丘、黏土以及盐土等恶劣生境中，在覆沙地和沙丘地生长较好。

图2-4　沙地梭梭造林示范地

2. 育苗、造林技术

可以育苗造林或直播造林。

选择苗圃地时，要注意土壤含盐量不要超过1%，地下水位在1～3 m的沙土或轻沙壤土最为适宜。造林地的立地类型宜为轻度盐渍化，地下水位较高，土层中含水量不低于2%的湖盆边缘沙地、沙壤地或固定半固定沙丘、丘间薄沙地较为适宜。

梭梭育苗，早春解冻可抢墒条播，未灌冻水的土壤在春季整地灌水，条距25 cm，覆土厚0.5 cm，每亩用种量2 kg。为防止根腐病和白粉病，播种前用赛力散和六六六拌种，播后尽可能不灌水，经常松土，以防止根腐死亡，一年生苗达50 cm以上时就可起苗栽植，起苗在秋季落叶后早进行，栽植于翌年春季清明前后进行。

在冬季风小有积雪的地区（如准噶尔盆地）直播造林，可在冬季1～2月融雪前播种，春播适宜时间为3月，趁风力弱，土壤含水量高时播种，较易成活。直播梭梭不必覆土，播后盖少量细沙，即可发芽。播种后梭梭死亡率较大，应适当增加播种量。经验为去翅种子每亩播 0.14 kg，未去翅种子播 0.4 kg 较为适宜。梭梭属于国家三级保护渐危种，抗旱、抗热、抗寒、耐盐碱性都很强，茎枝内盐分含量高达 15% 左右，喜光，不耐庇荫，适应性强，生长迅速，枝条稠密，根系发达，防风固沙能力强，是我国西北和内蒙古干旱荒漠地区固沙造林的优良树种。

（二）白梭梭

1. 适栽范围

沙质荒漠，流沙和半固定沙丘。白梭梭（*Haloxylon persicum*）别名：波斯梭梭（中国植被区划初稿），为藜科梭梭属植物。国家三级保护渐危种，干扭曲，多疣状突起。种子横生，直径约 2.5 mm，花期 5～6 月，果期 9～10 月。在我国只分布于准噶尔盆地腹部及艾比湖盆地沙漠和伊犁谷地霍城沙漠，最近几年已引种至南疆吐鲁番市、英吉沙县、莎车县，有些已开始结实。白梭梭叶为刺芒状，嫩枝细浅绿色，有苦味。

白梭梭分布于沙质荒漠，生长在流沙和半固定沙丘上，靠雨水和沙层水分生活，为中亚细亚荒漠沙生植被的主要组成植物。落叶小乔木，高 1～5 m。树皮灰白色。叶鳞片状。花黄色，成对或单生于二年生枝侧生短枝的叶腋。胞果淡黄褐色，是一种典型的荒漠植物，耐严寒、抗高温和适应干旱。生长在半流动或固定沙丘中，有固沙作用，对治理荒漠有重要意义。本种是我国西北地区的优良固沙造林树种，目前除新疆大量应用进行固沙造林外，甘肃、宁夏、内蒙古沙区也进行了引种。木材坚而脆，发热力强，除作牲口圈棚和固定井壁用材外，是沙区人民群众生活的薪炭来源。当年枝是骆驼、驴、羊的良好饲料。

2. 育苗、造林技术

白梭梭风干去翅的种子千粒重 4 g 左右，一般条件下可以贮藏半年，9 个月后，则完全丧失生命力。育苗圃地应为盐碱轻，地下水位低，便于排水，有林带和沙障庇护的沙土或沙质壤土作平床或高床，早春或秋季每公顷条播或撒播需去翅的种子 37.5 kg，播后覆土不宜过厚，应在 0.5 cm 左右，浇透水。种子发芽能力强，最适的发芽温度为 20～25℃，播前不必催芽处理，播后水热条件适宜一昼夜即可发芽，2～3 天大部分发芽出土。苗期耐干旱，忌过量灌溉而引起根腐病。

　　白梭梭造林可以植苗也可以直播。植苗造林以春季为宜。直播造林成活率很不稳定，直播在冬季及春季均可进行，每亩播种量以带翅种子 400 g，或去翅种子 170 g 为宜，人工播种、畜力播种和飞机播种都需要进行提高保苗率的研究。白梭梭引种到民勤地区，在沙丘上植苗造林，对防沙治沙有明显优势。

（三）沙拐枣

1. 适栽范围

　　沙拐枣 *Calligonum mongolicum* Turcz.）属于灌木，高 25 ～ 150 cm。老枝灰白色或淡黄灰色，开展，拐曲；当年生幼枝草质，灰绿色，有关节，节间长 0.6 ～ 3 cm。叶线形，长 2 ～ 4 mm。花白色或淡红色，通常 2 ～ 3 朵，簇生叶腋；花梗细弱，长 1 ～ 2 mm，下部有关节；花被片卵圆形，长约 2 mm。果实（包括刺）宽椭圆形，通常长 8 ～ 12 mm，宽 7 ～ 11 mm；瘦果不扭转、微扭转或极扭转，条形、窄椭圆形至宽椭圆形；果肋突起或突起不明显，沟槽稍宽成狭窄，每肋有刺 2 ～ 3 行；刺等长或长于瘦果之宽，细弱，毛发状，质脆，易折断，较密或较稀疏，基部不扩大或稍扩大，中部 2 ～ 3 次 2 ～ 3 分叉。花期 5 ～ 7 月，果期 6 ～ 8 月，在新疆东部，8 月出现第二次花果。

　　主要在荒漠带并渗入草原化荒漠及荒漠化草原，多生于流动沙丘、半固定沙丘、沙地和在覆沙戈壁上，为沙质荒漠区的主要建群种。耐干旱、高温、抗风蚀、耐瘠薄。在准噶尔盆地有乔木状沙拐枣、褐杆沙拐枣、无叶沙拐枣，在阿拉善沙漠有蒙古沙拐枣。

　　沙拐枣可播种造林或插条及实生苗栽植，沙拐枣宜在秋季播种，春季播种必须经过沙藏或种子处理，乔木状沙拐枣因种皮坚硬，不经处理不易发芽，用浓硫酸处理 6 小时，出苗率较高。

2. 育苗、造林技术

　　沙拐枣是旱生喜光的灌木树种，具有抗干旱、高温、风蚀、沙埋、盐碱的能力，生命力强，易于繁殖，生长迅速等特性。根系十分发达，有的侧根水平延伸 30 m 左右。有的种垂直根深达 6 m。发达的根系保障了对水分的吸取。风蚀暴露的根可迅速"茎干化"，是建立植物活沙障的优良树种。大灌木状沙拐枣可以插条和实生苗栽植。在干旱地区沙丘采用长插条深栽能提高成活率。据报道，扦插沙拐枣经验证明，40～50 cm 的插穗成活率为 10%～20%，而长插穗 80 cm 的成活率达 80%，在中卫沙坡头格状沙丘栽植试验表明，乔木状沙拐枣生长非常迅速，春季育苗当年生长高度 1.0～1.7 m，基径 1.8 cm，翌春栽植在格状沙丘的沙障内成活率达 73.5%，栽植第二年平均高 1.6 m，最高达 3.1 m，平均冠幅 1.4 m×1.1 m，最大为 3.7 m×2.8 m。在受到沙压的地方，生长尤为旺盛。

三、沙地牧草栽培技术

（一）豆科牧草

1. 沙打旺

沙打旺（*Astragalus adsurgens* Pall.）是豆科黄芪属多年生草本植物，主根长而弯曲，侧根发达，细根较少。入土深度一般可达 1～2 m，深者可达 6 m。茎圆形，中空，一年生植株主茎明显，有数个到十几个分枝，间有二级分枝出现；二年生以上植株主茎不明显，一级分枝由基部分出，丛生，每丛数个到数十个二级或三级分枝（见图 2-5）。子叶出土，长椭圆形或卵圆形，第 1、2 片真叶为单叶，第 3、4 片真叶为单叶或复叶，从第 5 片起为奇数羽状复叶，小叶数 3～25 枚。总状花序，花序长圆柱形或穗形，长 2～15 cm，每序有小花数十朵。花蓝色、紫色或蓝紫色，萼筒状 5 裂；花翼瓣和龙骨瓣短于旗瓣。豆科黄芪属直立草本，也叫直立黄芪、地丁、麻豆秧、薄地强、苦草、沙大王、斜茎黄芪。原产黄河故道，目前北方各省均有种植，栽培面积早已超过 1 200 万亩。在草原风沙地和黄土丘陵沟壑地尤其受到重视。我国华北、东北、西北、西南均有野生种，苏联、朝鲜、日本、蒙古也有分布。

沙打旺可以单种、混种、间作、套作，在贫瘠的退耕地、还牧田，一般单种、撒播、条播，条播时，行距 30 cm，播量 2 kg 左右，穴播用种 1.5 kg 左右。覆土要浅，不超过 1～2 cm，撒播可不覆土。在黄河地区，飞机播种要注意选择立地类型，在荒坡地上飞播应选择植被盖度在 20%～40% 的地类。坡度小于 20%，种子易被雨水冲走。盖度大于 40%，种子不易接触土壤，发芽后不能入土扎根而被晒死。在沙荒地上撒播（包括飞播）沙打旺，如植被稀少，则应整地、灭虫、松土，蓄水保墒；在有茅草的沙地上，必须彻底整地消灭茅草而后播种。

图 2-5 沙地种植三年生沙打旺

沙打旺发芽要求土壤水分不低于11%，最好在15% ～ 20% 之间，沙地上土壤水分不低于3%，土壤温度10%，播后2 ～ 3天发芽，5 ～ 7天出苗。沙打旺种皮薄，吸水快，出芽迅速，但为保证土壤水分，必须正确选择播期。从早春到初秋均可播种，甚至可寄籽越冬，但不同地区可根据气候条件来决定。在风沙危害地区，春旱少雨，不易保苗，雨季和初秋播种为好。可春播的地区，春播要早，最好顶凌播种。

沙打旺苗期生长缓慢，应及时除草，封垄后形成庇荫环境，杂草被抑制。种植沙打旺的地区瘠薄少肥，为保证较高产量，有条件的地区应注意施肥。每亩施过磷酸钙25 kg，施钾肥和钼酸铵可以提高产量。干旱缺水时，如能灌溉则更好。在积温不足，种子不能成熟的地区，可以种植早熟沙打旺，生育期可缩短20 ～ 30 天，且结实多。

沙打旺没有固定的播种期，从早春到初秋均可，主要根据当地的条件和利用的方式来决定，但不能迟于初秋，否则难以越冬。北方地区还可以利用冬前寄籽播种，即在平均地温3℃左右，早晚地表微冻，日出后又融化的时候，将种子播于土中，第二年春天适时镇压，可获得较好的出苗效果。在播种时以磷肥作基肥，亩施过磷酸钙10～30 kg，可显著提高鲜草产量。沙打旺作饲料的营养价值较高，可直接作马、牛、羊、骆驼、猪、兔子等大小牲畜青饲料，适口性较差。也可制成青贮、干草和发酵饲料。直接喂饲可在天然草场和人工草场放牧，也可割草喂饲。沙打旺可直接压青作基肥，异地压青作追肥，或以其秸秆制作堆、沤肥。此外，沙打旺防风固沙能力强，在黄河故道等风沙危害严重的地区，种植沙打旺可减少风沙危害、保护果林、防止水土流失和改良土壤。

2. 草木犀

草木犀（*Melilotus officinalis*）又名香苜蓿，原产于小亚细亚，广布于世界温带地区。我国内蒙古、东北、华北、西北均有栽培。

白花草木犀为一二年生草本植物，主根发达，入土150 cm以上。主根上部发育成根颈，主根、侧根均可着生根瘤。种子千粒重2～2.5 g，1 kg种子有40万～50万粒。

白花草木犀适应性很强，耐旱、抗寒、耐瘠薄、耐盐碱。它在年降雨量360 mm的地区生长良好。

白花草木犀适宜在干旱半干旱地区生长，它茎叶茂密，也是良好的水土保持植物。草木犀可在贫瘠土壤上播种，并适合与农作物轮作，间作，还适于与林木间作。白花草木犀春、夏、秋播均可，在干旱地区以夏、秋播最好，秋播不能晚于7月中旬，以利越冬，也可冬天寄籽播种。春播最好在早春解冻后抢墒播种，以提高当年产量。条播每亩用种0.75～1.25 kg，穴种每亩0.5～1 kg。播种深度2～3 cm，行距20～30 cm或45～60 cm。可条播、穴播、撒播，还可以飞播。苗期生长缓慢，要注意除草。白花草木犀和其他豆科牧草一样，应多施磷肥、钾肥，一般每亩施过磷酸钙15～25 kg。

白花草木犀刈割在株高50 cm即可，留茬高度10～13 cm，过低影响再生，雨天不能割草，以免造成根茎腐烂而死亡，最后一次刈割在初霜时进行，过晚影响越冬。亩产鲜草1 500～3 000 kg。白花草木犀种子产量高，每亩可收种子20～50 kg。生于山坡、河岸、路旁、砂质草地及林缘的草木犀根深，覆盖度大，防风防沙效果极好。草木犀还是改良草地、建立山地草场的良好资源。在低产地区与粮食作物轮种，可以大幅度提高全周期产量和经济收入；在复种指数高的地区可与中耕粮食、棉花、油料等作物间套种植，生产饲草或绿肥。又因花蜜多，还是很好的蜜源植物。秸秆可作燃料。由于草木樨具有多种用途且抗逆性强、产量高的特点，被誉为"宝贝草"。

3. 苜蓿

多年生草本植物，似三叶草，耐干旱，耐冷热，产量高而质优，又能改良土壤，因而为人所知，广泛栽培，主要用于制干草、青贮饲料或用作牧草。苜蓿是一种牧草，以"牧草之王"著称，不仅产量高，而且草质优良，各种畜禽均喜食。中国苜蓿的种植面积约 133 万公顷。苜蓿除了用于饲养牲畜之外，还可以作为水土保持和护坡植物，园林上多作为盐碱地、贫瘠土地的绿化草种和景观野花用草种。

苜蓿是最早驯化的饲料作物之一，现在，我国苜蓿主要分布于西北、华北地区，大约有 66 万公顷，有 70 多个品种，对我国的畜牧业和农业有很大的促进作用。苜蓿又名紫花苜蓿，为多年生草本植物，高 60～80 cm，主根发达，入土深度达 2～6 m，侧根不发达，着生根瘤。每千克种子有 50 万～66 万粒。

苜蓿喜温暖和半湿润到半干旱的气候，能耐低温，有雪覆盖可耐 –40℃ 以下的低温。紫花苜蓿喜土质疏松、排水良好富含钙质的土壤。成株苜蓿能耐 0.3% 的含盐量，不耐水淹，生长期间 24～48 小时的水淹，会大量死亡，休眠期抗水淹能力比生长期强。在酸性土壤中，只要钙、磷、钾充足，也能获得较好产量。

苜蓿种子有约 20% 的硬实，播种前应清洗，选择硬实度低的做播种材料，以保证苗的整齐度。播种深度为 1～2 厘米，沙性土壤可略深，春播深夏播则宜浅。飞机播种常用地面撒播，播后用镇压器镇压，条播用播种机，行距 20～40 cm，播后镇压，播种量一般为 0.5～1 kg。在土壤瘠薄、干旱地方以及北方地区，以条播为好，出苗整齐且快。苜蓿为多年生植物，一年四季都可播种。土壤墒情好时，以春播为主好，当年即有收获，7～8 月秋播，杂草少管理方便。春季播种，为控制杂草，可采用除草剂，当年即可收刈干草。

另外，燕麦和苜蓿可一起播种，燕麦可有效控制杂草，同时可作干草或青贮，增加当年干草产量。选择与苜蓿伴生的品种很重要，竞争小是个重要的因素，干旱条件下，伴生作物以亚麻、豌豆、燕麦为主。我国北方也采用荠菜作为伴生作物。苜蓿可以和多种禾本科牧草混播形成多年生混播草场。苜蓿与无芒雀麦、苜蓿与鸭茅、苜蓿与苏丹草都能形成产量高品质好的优良草地。苜蓿可作为放牧场更新草地的补播材料，用除草剂清除植被后，在施以石灰和磷肥后，再播种苜蓿、建植快，可建立生产力高的新草场。

苜蓿产量我国每亩可达 $1 \sim 1.5$ t，产量的形成需要有一定的物质基础，要供给充足的肥料。苜蓿地每公顷施氮肥量应达到 $136.5 \sim 455$ kg，以利于株丛的增加。磷肥的施用，作基肥和有机肥混合施用效果最佳。一般随翻耕，将磷肥翻到表土下 20 cm 处，便于根吸收。做追肥，则用耙将磷肥耙入土层内。一般每亩施五氧化二磷 3.4 kg 作基肥，以后追施减半。苜蓿对钾肥的需求量仅次于氮，而钾不足时草丛会很快退化。

4.鹰嘴紫云英

鹰嘴紫云英又名鹰嘴黄芪，鹰嘴紫云英（*Astragalus cicer* L）是重要的豆科牧草之一，它具有营养丰富、产量高和适口性好等特点。而且它能抗旱，特别适于在灌溉和干旱地区种植。抗寒、耐瘠能力较强，亦抗高温和耐酸，适宜在微酸性和中性土壤上种植。茎叶生长快，覆盖度大，是优良的水土保持植物。根由粗大的营养根和根茎两部分组成，主根和侧根上均可产生根瘤，种子黄色，千粒重 5 g 左右。我国大多数省区已引种试验，表现良好。可与果树、茶、桑套种；与小麦、大麦、油菜、蚕豆间种，也可和油菜混种。

鹰嘴紫云英具有粗壮而强大的根茎，根茎芽出土后即成为新的茎枝。茎匍匐或半直立，光滑、中空。叶为羽状复叶，有长椭圆形小叶。总状花序，有花 $5 \sim 40$ 朵，花冠近浅黄色。荚果膀胱状，成熟时黑色，每荚含种子 $3 \sim 11$ 粒。种子肾形，黄色，有光泽，千粒重 $7 \sim 8$ g。

春播以日均气温 5℃ 以上较好，秋播以 25℃ 为宜。最早 8 月下旬，最晚到 11 月下旬。若种子硬实度高，播种前必须处理，也应与根瘤菌拌种。选择微盐碱、无盐碱、不积水的土地种植。苗期生长缓慢，播前应整地消灭杂草；结合整地施磷肥 $20 \sim 25$ kg。北方以冬季寄籽或春播为主，南方要求不严。为便于田间管理以条播、穴播为宜，撒播也可。播量每亩 $0.3 \sim 0.4$ kg，播深 $2 \sim 3$ cm。用种子育苗、扦插或根茎移栽，每亩

2 000 ～ 3 000 株为宜，不宜少于 2 000 株。苗期生长缓慢，易受杂草危害，应注意中耕除草。再生能力弱，为提高产草量，刈割收草留茬高度应在 10 ～ 15 cm 以上。种子易受籽实蜂类危害，严重时大大降低种子产量。蕾期至种子成熟每隔 10 ～ 15 天用乐果类内吸性药剂防治一次。

在其生长期间注意排水。留种田选择排水良好，肥力中等，非连作沙质土壤为宜。每公顷播量 22.5 kg，增施过磷酸钙 150 kg/hm²，草木灰 225 ～ 600 kg/hm²，可提高种子产量。荚果 80% 变黑，即可收获。种子产量 600 ～ 750 kg/hm²。

5. 小冠花

小冠花（*Coronilla varia* L.）又名多变小冠花，目前在我国栽培，在降雨在 400 mm 左右的黄土丘陵区，必须加强管理才能长好。

（1）直播：种子硬实度达 70% 以上，需用温水或浓硫酸浸种。用浓硫酸滴在种子上，充分搅拌，20 ～ 30 分钟后，用清水冲洗干净，再播种以提高发芽率。小冠花点播、条播均可，播后 4 ～ 7 天出苗，干旱可延迟到 30 天以上幼苗，一般当年不结实。播种时应用根瘤菌剂接种。

（2）种植种根：在育苗时，将母株种根的各级根系截成 15 cm 长的小段，按株行距都是 1 m 的距离，埋入 3 ～ 4.5 cm 土层中，种根不能太短，埋土 4 ～ 6 cm，不可过深，否则成活率低。地冻前，可将根寄植在 22.0 ～ 33.3 cm 深的土层中，压实并覆以枯草，翌春能提前萌发。

（3）分株繁殖：挖取株旁 15 cm 长的小苗，直接栽到大田去，此法繁殖成长快，成活率高。

（4）枝条扦插：扦插繁殖可剪取母株 16 cm 长的枝条，斜插入土，顶端露出，15 ～ 20 天可以出苗。雨季扦插更易成活，生长也较快。

（5）种子育苗：1 kg 种子可育苗 9 亩，雨季移栽最好。沙地上发展小冠花最好采用雨季栽苗法。否则，直播常因沙地表层干燥快而播种失败。

（6）田间管理幼苗生长缓慢：要注意中耕除草。移栽后浇水 1 ～ 2 次。冬前浇 1 次冬水。高 50 ～ 60 cm 时即可刈割，一年可收草 3 ～ 4 次，产种子 15 ～ 35 kg。

小冠花属多年生草本，根系粗壮发达，密生根瘤，其根上的不定芽再生能力强，能使根系向水平方向蔓延。对土壤要求不高，耐瘠薄，管理粗放，在 pH 5.0～8.2 的土壤中均能生长良好，其中以在排水良好、中性的肥沃土壤上生长最好。小冠花耐旱不耐涝，在年降水量 400～600 mm 的半干旱地区生长良好，小冠花可以作为草坪和水土保持植物，可以用于改良土壤、水土保持、路旁和一些无法修剪的地方作为草坪和水土保持植物种植。小冠花植株茎干匍匐生长，能有效防止雨水冲刷，防止土壤径流。小冠花在国外主要用于公路、铁路两侧护坡、河堤固岸、水库大坝的护理和侵蚀坡地的保水保土等方面。该草喜光不耐荫、病虫害少。生长健壮，适应性强，耐寒，耐旱，耐瘠薄，对土壤要求不严，在 pH 5.0～8.2 的土壤上均可生长。雨季注意排水。管理简单，极易栽培。

6. 草木犀状黄芪

草木犀状黄芪，别名扫帚苗、草木犀、黄芪、小马层子，哲格仁希勒比（蒙）等。属豆科多年生草本植物，奇数羽状复叶。茎直立，多分枝。花期 7～8 月，果期为 8～9 月。该植物耐旱、耐盐碱，能适应沙质和轻壤质土壤生长。

主要靠种子繁殖，是优良的牧草，也是固沙和水土保持植物，茎秆可做扫帚。全草可以药用。

（二）禾本科牧草

1. 冰草属

（1）冰草 [*Agropyron cristatum*（L）.Gaertn.]：冰草又称扁穗鹅观草、大麦草、小麦草、野麦草、麦穗草、山麦草、羽状小麦草、羊胡子草。为冰草属多年生草本。

收割应在抽穗或初花期，利用过迟，适口性或营养价值均大大降低。冰草根系发达，繁殖力强。为保持水土，固定沙丘及改良沙土的重要草种。

该草春季萌发早，在 4 月中旬。牧草利用期长，采种较易。种子产量高，千粒重 2 g 左右，分蘖能力强，更新容易，一般用种子直播繁殖，每亩播种量 1～1.5 kg，分根也极易繁殖。在新疆被哈萨克族牧民称为"第一牧草"。

春夏秋均可播种，主要取决于土壤墒情。需精细整地，每公顷播量 15～22.5 kg。一般条播行距 30 cm。也可撒播。需要及时中耕、除草，也可以和苜蓿等混播。冰草应注意施肥，特别是单播的冰草要注意施氮肥。

冰草种子成熟后，易脱落，采集种子要在蜡熟后期进行。播种当年叶量大，占总产量的 70%，二年后叶量减少，叶加花序占总产量的 45%。干草产量以第二年最高，达 4.8 t/hm²，种子产量也以第二年最高，达 1.605 t/hm²。冰草不同生长期产量，栽培以开花期最高，野生以抽穗期最高。

（2）米氏冰草：别名根茎冰草，为多年生草本，花果期 7～9 月。常生于草原区的沙地和荒漠草原区的河边沙地。产于内蒙古、河北、黑龙江等地。种子或根茎繁殖。根系发达，固沙效果良好。

（3）沙生冰草为多年生草本：根系发达，根蘖萌生能力较强。7 月结实，成熟期 8～9 月。耐旱耐寒，喜沙质土壤。产于内蒙古、山西等地。种子较大，千粒重 2.5 g 左右，种子繁殖，每亩播种量 1～1.5 kg。出苗整齐。但幼苗生长慢，须注意除草，以免杂草欺负。播种当年一般不能用。利用它改良牧场，须注意载畜量，勿使草场退化。

2. 披碱草

披碱草（*Elymus dahuricus* Turcz.）根系较发达，须根。茎直立，基部草质较硬，具 3～5 节。叶片扁平，两面粗糙。穗状花序，小穗绿色，成熟后变草黄色。花果期 7～8 月，一般 4 月返青，到 8 月种子成熟，种子千粒重 4～5 g，可保存 2～3 年。种子繁殖，每亩播种量 2 kg 左右。

披碱草寿命长达 10 年以上，对土壤适应性广，抗寒力强，在 −37℃可以安全越冬。耐旱力稍差。再生力或分蘖力强。披碱草营养丰富，是良好的牧草。

播前需秋翻土地，来春进行耙糖。最好能施入基肥。干旱地区进行镇压。有灌溉条件的地区应该在播前灌水，以保证播种时土壤墒情良好。种子播前须处理，其芒长，交错成团，不宜分开，致使播种不匀。在 4～5 月播种为宜，每亩播种量 1.5 kg 左右，如籽好，播量可减少。以条播为好，行距 30 cm 左右，覆土 3～5 cm。苗期生长慢，应注意消除杂草。有条件的地方可在分蘖和拔节期灌溉两次，能提高产量。如收籽，应在种子成熟达 80% 时收割，如收草，应于抽穗期收割。

3. 羊草

羊草 [*Leymus chinensis*(Trin.) Tzvel.] 别名碱草，为赖草属多年生具根茎的禾本科牧草。是分布较为广泛的一种优良牧草，我国主要分布在东北、华北、西北等地区。羊草在北方草原、草甸草原地区多为群落的优势种或建群种，我国以羊草为主构成的各类羊草草场面积约 21 万公顷。目前，随着人工草场建设的迅速发展，羊草人工草场的种植面积在不断扩大。两年后亩产干草可达 200 ～ 500 kg，籽实产量 10 ～ 25 kg/ 亩。

羊草耐寒、抗旱、耐盐碱、耐土壤瘠薄，适应范围很广。在年降雨量 250 mm，冬季气温 -40.5℃条件下仍能生存，对土壤条件要求不严格，羊草耐碱性强，在 pH9.4 的土壤上仍能正常生长发育，故有"碱草"之称。

羊草寿命长达几十年，再生能力较强，一年可刈草两次。用种子和根茎繁殖均可，根茎发达，根茎芽是重要的无性繁殖器官。将根茎切断，每段保持两个以上根蓬节，埋入沟内，可迅速生长发育，是建立草地的有效途径。对退化的天然草场进行翻耕，切断根蓬，可迅速增加羊草的产量和质量。

栽培技术：

（1）整地与施肥：羊草种子细小，发芽率低，要求精细整地。一般应在头年秋季深翻 20 cm 以上，及时耙糖。第二年播前耙糖使土壤细碎，墒情适宜，如能灌水，最好灌水一次。羊草需氮较多，特别是在沙质土壤中，结合整地施厩肥 2 000 kg/ 亩。

（2）播种：播前进行种子精选以提高播种质量，羊草萌发需较高温度和足量的水分，因此，北方一般采用夏播，播种量为 3 ～ 4 kg/ 亩，深度 2 ～ 4 cm，行距 20 ～ 30 cm，播后镇压。

（3）管理：由于羊草苗期生长缓慢，且常有杂草危害，所以应除草和松土，还可以采用一些加速生长的措施，如施肥、灌水。羊草达到 4 年生以上，根系密集，根垄交错，常影响牧草的通气透水，为达到复壮和改善土壤通透性的目的，利用耙将根茎切断，效果较好。播种当年一般不进行利用，刈草可在第二年的花期以前进行，留茬 6 cm 左右。3 年生以上的羊草草场可以用来放牧。

4. 无芒雀麦

无芒雀麦（*Bromus inermis* Leyss.）又名无芒草、禾萱草、光雀麦、雀麦草，禾本科麦属多年生草本植物，在我国东北、华北、西北等地广为分布。

由于有根蓬，再生力和耐牧性很强，是良好的水土保持草种，也是建立人工打草场和放牧场的优良草种之一。

播种地要求在前一年秋季深翻，最好能施入基肥，播前再耙耱。以春播为宜，一般在4月下旬至5月中旬播种。条播便于管理，行距30～40 cm。每亩播种量1～2 kg，覆土3～4 cm。无芒雀麦初期生长慢，当年应松土除草。该草需氮素较多，分蘖期应追施氮素并灌水一次。以后每刈割一次，均应酌情施氮肥和灌水，增强再生力。其地下根茎大且发达，生长几年后，地表往往结成一层坚硬的"草皮"，使产草量降低，应用耙或步犁沿行间耕翻，改善土壤通透性，可提高产量和质量。如刈割过迟，则茎基部木质化，品质下降。

5. 赖草

赖草 [*Leymus secalinus* (Georgi) Tzvel.] 又名阔穗赖草、宾草，茎秆直立粗壮，株高40～90 cm，具长根茎，叶片较厚硬。穗状花序，圆柱形。广泛分布于中国的西北、华北和东北地区。适应性强，抗寒耐旱，耐盐碱。可刈割青饲，调制干草，也可放牧利用。干草产量7 500 kg/hm^2。品质中等，适口性好，大牲畜全年喜食。幼嫩时羊喜食。

赖草耐旱、耐寒、耐盐碱，是北方干旱地区盐土荒滩上刈、牧兼用的建群种，每年刈割3次，亩产鲜草2 700～3 000 kg，是山羊、绵羊、牛、马、骆驼的优质饲料。

（三）其他科牧草

1. 木地肤

木地肤 [*Kochia prostrata* (L.) Schrad.] 又名伏地肤，分布于我国黑龙江、吉林、辽宁、山西、陕西、内蒙古、甘肃、宁夏、新疆、西藏等地。木地肤抗寒、抗热、耐碱性较强，冬季在−35℃能安全越冬，夏季表土温度达65℃时也未见灼伤。在30 cm土层中，含盐量在0.5%以内生长良好，在1%也能出苗生长。喜生长于山坡、沙地、荒漠等处。其最突出的特性是具有较强的适应干旱生境条件的能力。

木地肤种子小，顶土能力弱，发芽要求较好的墒情，以秋末或春初抢墒播种，效果较好，种子寿命短，存放3～5月后发芽率下降，应在收获当年播种。幼苗对遮阴敏感，要注意除草。选择地势下缓，土层厚的土壤，深耕 25 ～ 30 cm，以备秋末或初春抢墒播种。在土壤水分为 15% ～ 20% 时，出苗最好，播深不超过 2 cm，1 cm 最适宜。雨季播种易因雨后土壤板结出苗困难。可冬前寄籽播种。目前在内蒙古、新疆都进行了大面积的人工播种和飞机播种，取得了较好效果。

2.籽粒苋

籽粒苋（*Amaranthus hypochondriacus* L.）又名千穗谷、御谷、红苋菜等，是最古老的分布十分广泛的作物之一，除内蒙古锡林郭勒和青海部分地区种子不能成熟外，几乎遍布全国各地且生长良好。

籽粒苋可春播，春旱严重或夏播麦茬苋，可直播，也可育苗移栽。栽培技术环节如下：

（1）选茬整地：因其种子非常小，必须精细整地，以利发芽出土。前茬最好是豆茬、麦茬、马铃薯及玉米茬以及排水良好，比较肥沃的前茬。新垦荒地更好。

（2）适时播种：春播应稳定在 14℃ 左右。河南 4 月中，河北 4 月末，东北 5 月中旬，北京 4 月 20 日前后；北方春天为抢墒也可适当早播。春旱夏插（6 月初）。实际播量 750 g/ cm^2，育苗栽播量可减半。直播用人工、机械均可，又可分条播、穴播、撒播。出苗容易。收种子地块以行距 60 ～ 70 cm、株距 20 cm 为宜；收草地块其行距减半、株距减半，覆土 1 ～ 2 cm，不可过厚。育苗栽要提前 15 ～ 20 天，苗高 10 ～ 15 cm 可移栽，应在午后或阴雨天进行移栽，栽后应及时浇水，最好用地膜覆盖，可提高质量，增产 20% 左右。

（3）田间管理：

间苗定苗：苗高 8 ～ 10 cm 可间苗，15 ～ 20 cm 可定苗，密度大小要看用途和肥力，青饲密度要大，采种用密度要小。土壤肥则小，土壤贫瘠则大，最好垄作，1 公顷保苗 7.5 万 ～ 15 万株，做青饲料用地可留苗 30 万株。

中耕除草：幼苗生长慢，要注意除草，可结合间、定苗进行。进入生育中期，生长加快，可形成稠密冠层，能自行抑制杂草。

追肥：苋生长快，产量高，鲜重 112.5 t/hm^2 以上，甚至超过 150 t，干物质 15 t 以上。以每公顷产干物质 11.25 ～ 15 t 计，需从土壤中吸收氮素 225 ～ 300 kg/hm^2，是吸肥很强的植物，必须补充土壤养分消耗。有条件施 30 t/hm^2 农家肥作底肥，生育期应追施尿素 150 ～ 187.5 kg/hm^2 或施二铵 150 kg。

灌溉排水：苋耐旱不耐涝。苗期太旱应适当灌水保苗，以后可少灌或不灌。但要求排水良好，雨后过湿要注意排水。沙地栽培特别要注意水、肥的及时供应。

培土：株高达 1～1.5 m 时，应结合中耕培土，培土不可过早，过早易引起根颈部发病腐烂。

（2）适时采收：为无限花序，种子成熟不一致，适时采收很重要。刈割青饲最好在现蕾期到初花期，大致播后 50 天，高 1 m 左右时，第一次割后留茬 30 cm，一个月后可第二次刈割，条件好还可割第三次。青贮多在鲜草产量最高时低茬刈割。

（3）粒苋分枝再生能力强，适于多次刈割，刈割籽粒苋后由腋芽发出新生枝条，迅速生长并再次开花结果。它是喜温作物，生长期 4 个多月，但在温带、寒温带气候条件下也能良好生长。对土壤要求不严，最适宜于半干旱、半湿润地区，但在酸性土壤、重盐碱土壤、贫瘠的风沙土壤及通气不良的黏质土壤上也可生长。抗旱性强，并且长势良好。

3. 苦荬菜

苦荬菜（*Lxeris denticulata* Houtt·stebb.）又名苦麻菜、苦苣、良麻、山莴苣等，目前在两广、两湖、江浙等省区大量种植。现已北移至东北、华北地区栽培。

种子小而轻，顶土力量小，故要求精细整地，水分适宜。水分不足应先浇水后播种。北方都是春播，3～6 月均可播种，但宜早不宜晚。一般采用直播，多在土壤化冻后播种或顶凌播种，条播，行距 30 cm，播深 2～3 cm，播量 11.25～15 kg/hm²，播后镇压。也可寄籽越冬，春天出苗早。也可育苗移栽，育苗要提前一个月，用阳畦、塑料薄膜覆盖育苗。4～5 片真叶可移栽，能提早 20～30 天收割利用。移栽时可穴栽，每穴 2～4 株苗，行距 25 cm，间距 15 cm，栽后浇水。南方也可秋播或夏季复种。为便于灌溉，适合畦作。一般畦面可宽 2 m，长 5～10 m。

此草适于密植，适当密植易获高产，过稀则影响产量，易使茎秆老化，适口性差。直播通常不间苗，几株丛生在一起也能生长良好，过密可适当疏苗。当株高达 40～50 cm 时，即可收割后利用。北京大约在 5 月下旬到

6月上旬开始刈割。以后每隔20～40天再刈割一次，刈割要及时，使其保持在生理幼龄阶段，生活力旺盛，伤口愈合快。过晚刈割，则粗纤维增加，茎基部老化，生活力降低，伤口愈合及再生都缓慢，影响产量质量。留茬高度也很重要，留茬太低（齐地面割）再生缓慢，留茬以4～5 cm为宜。最后一次应齐地面割。刈割以上午进行为好，刀口经日晒后很快愈合封闭，不会流汁液过多，有利于再生。

一次刈割不能太多，堆积存放易发热变质，甚至产生亚硝酸盐，毒害畜禽。收种植林不应一次收割，应刈割到8月份让其抽薹开花结实，通常每公顷可收375～750 kg种子。最适宜采种时间为果实变黄，种子冠毛露出时。

第三章
工程与综合防沙治沙技术

　　防沙治沙是环境治理的重要方面，直接关系到社会、经济的发展。各地区的自然条件差异很大，所以采取什么样的生物、工程等综合治理措施以适应当地情况成为实际工作中的一个问题。本章围绕工程防沙治沙技术、综合防沙治沙技术展开论述。

第一节　工程防沙治沙技术

一、沙障治沙技术

（一）沙障的主要类型

　　沙障可分为两大类：平铺式沙障和直立式沙障。平铺式沙障按设置方法不同又分为带状铺设式和全面铺设式。直立式沙障按地上高度又分为：高立式沙障（高出沙面 50～100 cm）；低立式沙障 [高出沙面 20～50 cm（此类也称半隐蔽式沙障）]；隐蔽式沙障，几乎全部埋入与沙面平或稍露障顶。直立式沙障按透风度分为：透风式、紧密式、不透风式三种。

（二）沙障的设计方式

　　沙障的设计要求根据立地条件和当地拥有的材料决定，平铺式沙障是固沙型的沙障，利用柴、草、卵石、黏土等物质铺盖在沙面上，隔绝风与沙层的接触，达到风虽过而沙不起，就地固定流沙的作用。但对过境风沙流中的沙粒截阻作用不大。

1. 立式沙障

立式沙障大多是积沙型沙障，风沙流碰到任何障碍物的阻挡，风速就会降低，携带沙子的一部分就会沉积在障碍物的周围，减少风沙流的输沙量，起到防治风沙危害的作用。

沙障设计的技术指标主要有：

孔隙度：通常把沙障孔隙面积与沙障总面积之比，叫作沙障孔隙度。用它作为衡量沙障透风性能的指标。一般孔隙度在25%时，障前积沙范围约为障高的2倍，障后积沙范围为障高的7～8倍。而孔隙度达到50%时，障前没有积沙，障后积沙范围约为障高的12～13倍。孔隙度越小，沙障越紧密，积沙范围越窄，沙障很快被积沙所埋没，失去继续拦沙的作用。为了发挥沙障较大的防护效能，一般多采用25%～50%的透风孔隙度。风力大沙源少时，孔隙度应小，沙源充足，孔隙度应大。

高度：一般在沙地部位和沙障孔隙度相同时，积沙量与沙障高度的平方成正比。沙障高度一般设30～40 cm，最高有1 m就够了。

方向：应与主风方向垂直，通常在沙丘迎风坡设置。

间距：沙障间距即相邻两条沙障之间的距离。距离过大，沙障易被风掏蚀损坏；距离过小浪费材料。因此，必须确定好沙障的行间距离。

沙障间距与沙障高度和沙面坡度有关，也与风力强弱有关。沙障高度大，障间距应大；沙面坡度大，障间距应小，沙面坡度小，障间距应大。风力弱间距可大，风力强间距就要缩小。一般在坡度小于4°的平缓沙地上，障间距应为障高的15倍左右。坡度较大处应遵循顶底相照的原则，即下一排沙障顶部与上一排沙障底部相平或略高些。

配置形式有行列式、格状式、人字形、雁翅形、鱼刺形等多种，实践中常用的主要是行列式和格状式两种。

行列式配置：多用于单向起沙风为主的地区，在新月形沙丘迎风坡设置时，丘顶要留空一段，划出一道设沙障的最上范围线，然后自最上设置范围线起，按所需间距向两翼划出设置沙障的线道，微呈弧形。

格状式配置：在多向风较强的沙区或地段采用。根据风力大小采用正方格形、长方格形均可。

2. 平铺式沙障

平铺式沙障是固沙型的沙障，利用柴、草、卵石、黏土等物质铺盖在沙面上，隔绝风与沙层的接触，达到风虽过而沙不起，就地固定流沙的作用。但对过境风沙流中的沙粒截阻作用不大。

（二）沙障施工的常用方法

1. 高立式沙障

选用枝条、芨芨草、芦苇、板条和高秆作物等；把材料做成 70～130 cm 的高度，在沙丘上划好线，沿线开沟 20～30 cm 深。将材料基部插入沟底，下部加一些比较短的树梢，两侧培沙，扶正踏实，培沙要高出沙面 10 cm。最好在降雨后设置。

2. 半隐蔽式草沙障

用麦秆、稻草、芦苇、软秆杂草；在沙丘上垂直主风划线，将材料（麦秆、稻草）均匀横铺在线道上，用平头锹沿划线压在平铺草条的中段用力下踩至沙层 15 cm 左右，然后从两侧培沙踩实。

3. 黏土沙障

黏土沙障在有黏土层分布的沙区，在固沙造林工作中已被广泛应用。由于可以就地取材，不花什么成本费，只花劳力费，所以比较经济划算，而且固沙时间长，设置方法可以行列式设置，也可以格状式设置，只要根据当地自然环境特点进行布置，效果都会很显著，具体效果基本上与草方格沙障近似。另外，黏土沙障还有一定的改良土壤的作用，特别是设置沙障后，在沙障的保护下栽植了固沙植物，沙障经过风吹雨淋，慢慢与沙掺和在一起，改变了沙地结构，增加了土壤的肥力，更有利于植物的生长发育。

当然，黏土沙障的采用是受地区性限制的，有的地方没有黏土或运输距离较远，材料来源比较困难，就不能运用这种沙障，硬要采用，可能会使它经济合算的优点，变成成本费用高昂的缺点。

4. 平铺式沙障

制作材料：因为平铺式沙障的主要目的是隔离风与松散沙面的接触，所以要求这一隔离层所采用的物质材料，应该有黏结性和质地较坚硬的块状体，一般的风力很难将其吹动，如黏土、砾石、砖头、瓦片以及化学固沙所采用的人工和天然合成的胶体物质，均可作为平铺式沙障的优良设障材料。

设置方法：将黏土或砾石块均匀地覆盖在沙丘表面，厚度可根据风害的严重程度，灵活掌握，一般 5～10 cm，黏土不要打碎，以此来加大地表粗糙度，即避免细土粒被吹蚀，又可截留一定数量的外来流沙。砾石平铺沙障各块间要紧密地排匀，不可留较大的空洞，以免掏蚀。全面平铺与带状平铺的具体铺设方式方法无大差异，所不同的是铺设带状平铺时，要按要求留出空流带，在空流带的沙面上保留原状，不覆盖土块和砾石块或其他任何物质即可。具体采用哪种铺设方式则应以保护的目的及当地的自然条件来确定。如目的在于固定，不使沙粒有所移动，且该地区起沙风较多，就要采用全面平铺，否则可带状平铺。

5. 其他沙障

其他沙障还有草绳沙障、网式沙障、隐蔽式沙障和塑料带沙障，此几种沙障在实际操作中应用较少，在此就不进行详细叙述。

二、水力治沙技术

（一）水力拉沙的概念界定

水力治沙的内容主要指水力拉沙。水力拉沙是以水为动力，按照需要将沙子输移，是消除沙害及改造利用流沙的一种方法。其实质是利用水力定向控制蚀积搬运，达到除害兴利的目的。

水力拉沙可以增加沙地水分，改变沙地的地形，改良土壤，改善沙区小气候，促进沙地综合利用，水力治沙为农、牧、渔等各项生产事业创造了有利条件。

（二）引水拉沙修渠

引水拉沙修渠是利用沙区河流、湖泊、水库等的水源，自流引水或机械抽水，按规划的路线，引水开渠，以水冲沙，边引水边开渠，逐步疏通和延伸引水渠道。它是水利治沙的具体措施。

引水拉沙修渠的根本目的，是为了开发利用和改造治理沙丘地。

修渠之前要搞好规划设计，根据水量、水位确定引水方式，水位较高，可修闸门直接开口，引水修渠；水位不高，可用木桩、柴草临时修坝壅水入渠；水位过低，可用机械抽水入渠。

选择渠线，利用地形图到现场确定渠线的位置、方向和距离，由于沙丘起伏不平，渠道可按沙丘变化，大弯就势，小弯取直。

施工和养护施工过程是从水源开始，边修渠边引水，以水冲沙，引水开渠，由上而下，循序渐进。做法是在连接水源的地方，开挖冲沙壕，引水入壕，将冲沙壕经过的沙丘拉低，沙湾填高，变成平台，再引水拉沙开渠或人工开挖渠道。渠道经过不同类型的沙丘和不同部位时，可采用不同的方法。

沙区渠道修成之后，必须做好防风、防渗、防冲、防淤等防护措施，才能很好地发挥渠道的效益。

（三）引水拉沙造田

引水拉沙造田是利用水的冲力，把起伏不平、不断移动的沙丘，改变为地面平坦、风蚀较轻的固定农田。这是改造利用沙地的一种方法。

1. 拉沙造田的规划设计

拉沙造田必须与拉沙修渠进行统一规划，造田地段应规划在沙区河流两岸、水库下游和渠道附近或有其他水源的地方。

2. 拉沙造田的田间工程

包括水源、引水渠、蓄水池、冲沙壕、围埂、排水口等。这些田间工程的布设，既要便于造田施工，节约劳力，又要照顾造出的农田布局合理。

引水渠连接支渠或干渠，或直接从河流、海子开挖，引水渠上接水源，下接蓄水池。造田前引水拉沙，造田后大多成为固定性灌溉渠道。如果利用机械从水源直接抽水造田，可不挖或少挖引水渠。

蓄水池是临时性的贮水设施，主要起抬高水位、积蓄水量、小聚大放的作用。蓄水池下连冲沙壕，凭借水的压力和冲力，冲移沙丘平地造田。在水量充足压力较大时，可直接开渠或用机械抽水拉沙，不必围筑蓄水池。

冲沙壕挖在要拉平的沙丘上，水通过冲沙壕拉平沙丘，填淤洼地造田块，冲沙壕比降要大，在沙丘的下方要陡，这样水流通畅，冲力强，拉沙快，效果好。冲沙壕一般底宽 0.3～0.6 m，放水后越冲越大，沙子被流水夹带到低洼的沙湾，削高填低，直至沙丘被拉平。

围埂是拦截冲沙壕拉下来的泥沙和排出余水，使沙湾地淤填抬高，与被冲拉的地段相平。围埂用沙或土培筑而成，拉沙造田后变成农田地埂，设计时最好有规格地按田块规划修筑成矩形。

排水口要高于田面，低于田埂，起控制高差、拦蓄洪水、沉淀泥沙，排除清水的作用。排水口还要用柴草、砖石护砌，以防冲刷。

3. 拉沙造田的具体方法

在设置好田间工程后，即可进行拉沙造田。由于沙丘形态、水量、高差等因素的不同，拉沙造田的方法也各有差异。一般按拉沙的冲沙壕开挖部位来划分，有顶部拉、腰部拉和底部拉三种基本方式，又因沙丘形态的变化形成下列具体方法：抓沙顶、野马分鬃、旋沙腰、劈沙畔、梅花瓣等。

三、风力治沙

风力治沙措施主要应用于公路防沙，也可利用风力拉沙造田，修渠筑堤，掺沙压碱，改良土壤，扩大土地资源。风力治沙是以风为动力，人为地干扰控制风沙的蚀积搬运，因势利导，变害为利的一种治沙方法。

风力治沙的基本措施是以输为主，兼有以固促输，固输结合。

以固促输，断源输沙。要防止某地段被沙埋压或清除其上的积沙，就在该地段上风区，采取措施固定流沙，切断沙源，使流经防护区的风沙流成为非饱和气流，使此处的积沙被气流带走，或以非堆积搬运形式越过防护区，使被保护物免受积沙危害。

集流输导。集流输导是聚集风力，加大风速，输导防护区的积沙，消除沙埋危害的一种方法。集中风力的方法很多，最常见的有聚风板法。采用聚风板常用聚风下输法、水平输导法（即字形输导法）。

反折侧导。被保护物如果遭受流沙危害时，可以用促使近地表气流换向的措施，改变流沙的输移方向，避开被保护物。一般用不透风的机械沙障进行侧导，在设置前，首先要了解地形和输导方向（地形是否有利于流沙的折向输走），确定沙障的位置和角度，采用 1 m 左右高的不透风沙障或导沙板，排列成连续的沙障导走流沙。

改变地表状况，促进流沙输导。被保护地段，要尽量清除障碍，筑成平滑坚实的下垫面，把陡坡变缓，筑成圆滑的弧形，使气流附面层不产生分离，达到输沙的目的。在防护区铺设一些砾石或碎石，增加跃移沙的反弹力，加大上升力，调节风沙流结构，减少较低层的沙量，造成防护区风蚀，起到输沙目的。由于地上风速随高度的增加而增加，所以在公路防沙时，路基要高出附近地表，以增大风速，便于输沙。

第二节　综合防沙治沙技术

一、水资源科学利用技术

（一）地表水开发利用与保护

1. 地表水开发的方式

无坝引水：当水源（河、湖、库）水量充足，流量大，水位较高，能满足灌区需要时，主要修建进水闸引水灌溉。

低坝引水：当水源（河、湖、库）水量充足，但水位较低时，需在河流上修建滚水坝，抬高水位，实现自流引水灌溉。

抽水取水：在河流水量丰富，但灌区位置高时，需采取抽水方式（建扬水站）引水灌溉。

建库蓄水：当河流流量不足、水位不高，不能满足灌溉需要时，则需选适当地点，建水库蓄水，调节径流，满足灌溉需要。

综合取水方式：指蓄水、引水、提水相结合的灌溉方式。

2. 地表水保护

针对目前自然河流的水质污染，首先需要制定一系列保护河流免受污染的政策，对于排污水严重的工厂坚决予以制裁或通过经济上的惩罚，使其建立污水处理设施，让排出的水达到一定的标准，其次要通过积极的宣传，让人们意识到污染水环境的严重后果，培养人们自觉保护水资源的意识，通过社会监督和政府监督相互结合，可有效地保护水资源。

（二）劣质水利用技术

淡水缺乏地区，需要利用一些质量不高的水，如浑水、污水、废水、咸水等进行灌溉，若措施得当，也能取得较好效果。

1. 苦咸水淡化

在淡水缺乏而有苦咸水的地区，可通过咸水淡化方法解决饮用水和部分经济作物灌溉问题。淡化咸水主要用电解法、化学法，但因其成本高，设备较复杂，难于在贫困沙区推广，需寻找低成本、简单易行的咸水淡化方法：如用太阳能淡化咸水。可建一个蒸凝棚，在太阳辐射下，苦咸水蒸发变成水汽，沉淀盐分，饱和水汽在凝棚内表面遇冷凝结，沿内表面流下，顺集流槽进入收集器。此法能源足，装置简单，投入小，应用性强，易推广，每户都可用。

蒸凝棚结构：先在地面修建一个长方形深 20 厘米的蓄水池，地底铺设黑色塑膜，以充分吸收太阳能，增温促蒸发，水池上方做一个框架，外覆透明材料（透明塑膜或玻璃）。在蒸凝棚内下部地面做一个有坡度的集水槽，凝结水流入集水槽汇入棚侧边的淡水收集器。研究表明，蒸凝棚的倾斜角以 40°～50° 为好，棚面材料为塑料和玻璃，前者成本低，后者耐久力强，施工方便，蒸凝水量大。顶角采用 90° 为宜。

增加蒸凝水量措施：包括每天 10：00～19：00 时对棚外表面进行处理，可在棚上部做一喷冷水装置，使水均匀洒在棚外表面上，使其下流，使棚内外形成较大温差，冷凝水量可增加 30%～40%。

蒸凝棚管理维护：在使用过程中，棚中池内水面会形成一层青苔，影响蒸发，需定期更换池中水。运行一段时间后，棚外表面会附着一层灰尘，影响阳光透入，要经常清洗外表面，保持清洁。棚内池水不要过深，以利于池水快速增温，增加蒸发量。

注意保护棚面塑料、玻璃不要损坏，出了问题及时处理。

2. 污水灌溉技术

污水灌溉是利用经过处理的城镇生活污水，工业废水进行灌溉，合理利用有如下作用：

增加土壤肥力：通常生活污水中含氮、磷，还含有钙、镁、锰、铜、锌、钴等多种微量元素及丰富有机质，可增加作物产量。

保护环境：土壤含有多种无机、有机物质的多孔介质，生长着种类繁多的动物、植物、微生物，污水进入土体会发生一系列物理化学变化，使一些有毒物质失去活性或降解，但是污水未经处理或利用不当会导致作物品质产量下降，恶化土壤性状，造成荒漠化、疾病、寄生虫传染人畜。目前污水灌溉多用于城郊农区和干旱缺水区农灌。

污水灌溉水质指标：因污水含有害有毒物质，灌溉前必须进行检测，看是否达到灌溉水质要求，未达到时要进行必要的处理。污水因水质不同，处理方法也不同：生活污水有毒有害物质较少，处理较简单，经沉淀、拦污、稀释之后即可灌田。工业废水成分复杂，有毒物质较多，需经过复杂处理：拦污、沉沙、沉淀、滤地以及生物氧化处理，曝气池氧气溶解污水，回收有害金属和有害有机物，使水质达标，入渠灌溉。

灌溉时间与定额：污水灌溉需严格掌握时间与定额，防止出问题。一般小苗少灌，大苗多灌，生长期少灌或不灌，避免后期贪青倒伏或残毒积累。污水以灌溉大田作物为宜，青菜尤其生食瓜菜，块根作物不宜使用。沙土区地下水浅，靠近水源地方也不宜使用，防止污染地下水。

（三）节水灌溉技术

1. 改进地面灌溉技术

传统的地面灌溉主要是畦灌、沟灌、漫灌、淹灌四种灌溉方法，它们虽有操作方便，成本低，节能等优点，但也有灌水定额大，均匀性差，深层渗漏严重，劳动强度大等缺点。为提高灌水质量，节约用水，广大群众和科技人员通过实践总结出了不少先进实用的节水灌溉技术，取得了明显的节水灌溉效果。

2. 沙地果园塑料袋穴渗法

沙地果园灌水方法很多，但多数地方仍采用地面灌水方法，其中以沙地果园塑料袋穴渗法为主。具体方法如下：

用直径 3 cm，长 10～15 cm 塑料管，一端插入容量为 30～35 kg 的塑料袋内 1.5～2.0 cm，用细铁丝绑扎固定；另一端削成马蹄形，适当用火烤，留出直径 2 mm 小孔，控制其每小时出水量 2 kg 左右（大约每分钟

110～120滴）。在树冠投影的地面上挖3～5个深20 cm，倾角25°的浅坑。把塑料袋倾斜放入坑中。先把塑管埋入30～40 cm以下土壤中，使水或水肥混合液（如0.03%尿素）从管中渗出灌溉果园，是一种省水、高效的好办法。

3.低压管道技术

低压管道渗水灌溉技术是以管道输水进行地面灌溉的一种方法，管道系统工作压力一般不超过0.2 mPa。低压管道灌溉通过低压波纹管、塑料管、水泥管等管道将水从水库、池塘等地直接引进田间，它是取代渠道的一种节水灌溉方式。普通的渠道灌溉沿等高线输水，受地势限制不能满足丘陵、山区等农田的灌溉需求，而且存在着渗水、漏水等问题。而低压管道灌溉技术很好地避免了这些问题，它沿低压管道直线行走，不受地势影响，适用于丘陵、山区农田灌溉，不仅节水，而且节约土地，是发展效益农业的有效灌溉方式。

安装低压管道进行灌溉，每亩需投资600～800元。由于成本高，除国家投资外，目前只有一些农场、农庄等零星地使用这种灌溉方式。目前，某市使用低压管道灌溉的农田面积达11.4万多亩。

4.其他技术

喷灌。喷灌是利用专用设备把水加压后使水通过管道达到一定距离安装在灌道的喷头上，像下雨一样喷洒在地面上达到灌溉的目的，适用范围广，对土质、地形要求不严，但对林地、果树不太适宜，更适合秸秆植物。水中泥沙过多应经过处理后再用。

滴灌。滴灌是将具有一定压力的水过滤后通过滴灌系统从滴头均匀而缓慢地一滴滴进入植物根层以上的局部浇灌方法。滴灌最适合沙地使用，尤其在沙漠地区有显著优越性。

微喷。它是介于喷浇与滴灌之间的一种灌溉方法。

地下滴灌（多孔管渗灌）。用塑料管打孔的地下滴灌投资少，简单可行，设计要考虑管径、管距、孔径、孔距，允许最大管道长度，供水压力等。

浸灌。

二、渠系建设与渠道防渗技术

在沙区，灌渠渗漏是水资源的重大损失。为减少渗漏，提高渠水利用系

图 3-1　沙地水肥一体化注入式施肥

数，将各级渠道进行防渗处理是应用最广泛的措施之一。常用土料、石料、膜料、混凝土和沥青混凝土等材料建立渠道防渗层，也有时构成复合结构，达到防渗的目的。常用形式简介如下：

（一）土料防渗

将渠基土夯实，或在渠床表面铺一层夯实的土料防渗层。土料防渗具一定防渗效果，为 $0.07 \sim 0.17$ m³/（m²·d），且可就地取材，造价低，技术简单，易掌握，但允许流速小，持久性差。适于气候温和和流速小的中小渠道，若防渗要求高，又沙石料缺乏，可用土壤固化剂对土料进行固结处理。

（二）水泥土防渗

特点与运用条件：本法分为干硬性水泥土（适于北方）和塑性水泥土（适于南方），具较好防渗效果。能就地取材造价低，技术简单易掌握，水泥用量与低标号混凝土的水泥用量相当，但允许流速小，抗冻性差。适用温暖且就近有沙土沙壤而缺乏沙石料的渠道。

防渗结构和材料：本法分有、无保护层两种。防渗层厚度宜采用8～10 cm，小渠不小于5 cm，大渠及工作条件差的明渠宜用塑性水泥土铺筑，表面用水泥沙浆，混凝土预制板，石板等作保护层，这种复合结构好处很多，很有实用价值。无保护层的水泥土水泥可适当减少，但水泥28天抗拉强度不应小于1.5 mPa，防渗层厚度4～6 cm。

（三）混凝土防渗

实用条件与特点：混凝土防渗效果好，输水能力大，经久耐用，便于管理。

防渗结构和材料：需要根据当地的土壤状况和气候条件而定。

（四）膜料防渗

实用条件与特点：用塑料薄膜或沥青、玻璃纤维布、油毡或复合膜料做防渗层，其上设防护层。有防渗性能好，适应变形能力强，南北均适用，北方因冻胀变形大的地区更适合。

防渗结构和材料：一般由膜料防渗层，上下过渡层和保护层组成，在刚性材料(岩石、砾石、混凝土等)与膜间设2～3 cm水泥砂浆或水泥土过渡层，膜料与土料之间不用过渡层。

（五）沥青混凝土防渗

特点与运用条件：属于柔性结构，防渗能力强，适应变形能力好，适于冻害及附近有沥青料地区。

结构与材料：该法分有、无正平胶结层两种，在岩石地基渠道才用正平胶结层。为提高效果，防老化，沥青混凝土表面涂刷沥青马蹄脂封闭后，涂刷时要注意高温下不流淌，低温下不脆裂，具较好的热稳定性和变形性能。

三、农业节水技术

（一）选用耐旱作物与品种

沙区旱地一般应选种耐旱品种，如谷子、糜子、马铃薯、荞麦、豆类等作物中的综合性状好的优良品种，同等条件下，良种一般可增产

20%～30%。

在干旱沙区应选用耐旱耐瘠薄的高产品种，它们能适应"艰苦"条件，这些品种抗旱力强，减产幅度小，比较稳定。

（二）增施有机肥与平衡施肥

有机肥与化肥配合，氮、磷、钾肥与微肥配合，可协调土壤速效和缓效养分供应，提高水分利用率。在生产中采用测土配方施肥，氮、磷、钾合理搭配，施肥适宜深度为 15～20 cm。北方沙旱区水分不是直接限制作物产量提高的因素，但土壤肥力过低或不能施肥也是限制水分潜力发挥的主要因素。旱区水肥管理与高效利用技术就是根据水分条件合理施肥，促作物根系深扎，扩大吸水范围，利用深层水分，提高作物蒸腾与光合作用，减少土壤无效蒸发，增加降雨和灌水的利用率，达到以水保肥，以肥调水，增加产量的目的。

（三）强化田间管理

加强中耕，除草，病虫害防治等田间管理措施。应根据当地水文条件，量水施肥，高水高肥，低水低肥，最大限度发挥水肥综合增产效果。注意气

图 3-2　沙地标准化管护整地技术

候条件合理施肥，如高温季节和地区，多施有机肥，寒旱地区多施速效肥；沙区光照好，作物代谢强应多施肥料，还要考虑土壤肥力特点增施决定作物产量的相对含量最少的土壤养分，沙地多施氮肥，特别注意某些作物对个别元素的需求和禁忌，如豆科作物需钴，马铃薯喜钾等特点。沙土地还要注重有机肥和泥肥以改良土质，提高保水保肥能力。

还需注意作物水分、养分的临界期和最大效率期，及时供水肥，一般作物生长初期对氮肥敏感，中后期需磷、钾肥较多；最大效率期是指作物生长快，水肥需求绝对数量和吸收速度都最高，增产最显著时期，如玉米抽穗初期、小麦拔节到抽穗期应加大水肥供应。

四、沙地地表覆盖技术与化学控制技术

（一）覆盖技术

地面覆盖是有效的保墒措施，已得到广泛推广。它能抑制土壤水分蒸发，可蓄水保墒，保温增温调温，保护表土不受风水侵蚀，改善土壤物理性质，培肥地力，抑制杂草和病虫害，提高水分利用率，减轻干旱威胁，促进作物生长发育，获得稳产高产。大部分材料可就地取材。

1. 地膜覆盖

把 0.002 ～ 0.02 mm 厚的聚乙烯塑料薄膜覆盖在田块地面上起抗旱保墒作用。

覆膜方式很多，可根据播种与覆盖的先后、覆盖位置、栽培方式分为不同类型。

按播种覆膜先后顺序分为：一是先覆膜后播种：先盖地膜，再在膜上打孔播种，它不用破膜放苗，不怕高温伤苗。作业尽量使用铺膜播种机以保证质量，加快速度。人工打孔播种费时且造成播深、压土不一致，出苗不齐，其保墒保湿效果不如先播种后覆膜方法好。二是先播种后覆膜：播种后盖膜，能保持播种时墒情有利于出全苗，作业省工，但放苗围土费工，放苗不及时会高温伤苗。

按覆膜位置分为：行间覆膜。其中又分为隔行行间覆膜和单行行间覆膜。隔行覆膜是播种时一膜盖两个播种行，出苗时地膜被覆在一个行间，形成隔

行覆盖；单行覆盖是播种时每个播行覆一幅地膜，出苗时将地膜移到行间，形成每个行间都覆盖地膜。

按栽培方式分：一是试铺：正式作业前必须先进行试铺，调整机具达到正常状态，保证良好铺膜质量，方能进行正式作业。二是机具操作：机具进入地头后，先拉展地膜一段，铺在畦面上，其端头两侧适量压土，压膜轮压到地膜两边，即可作业。作业中辅助人员要跟机随行监视作业情况，并隔一定距离在膜面上压一膜带，防风刮起。机具前进速度要尽量均衡，机组作业到地头，先在膜头压土，后切断地膜，以免膜下灌风。

2. 秸秆覆盖

利用作物秸秆、干草、残茬、树叶等植物的有机物质覆盖土壤表面。通常主要是玉米秸，麦秸等。

增产作用：秸秆覆盖能有效抑制土壤水分蒸发，防止土壤板结，改善耕层的性状，促进微生物活动，增加土壤有机质，可以有效地增加单产。

覆盖方法：依覆盖时间、秸秆完整程度、耕作方式、覆盖程度可分为不同类型。当地居民可以根据自己的需要和本身的条件选择合适的覆盖方式。

秸秆覆盖技术要领：材料主要为麦糠、碎麦秸、碎玉米秸、碎豆秸等，以上茬秸秆做下茬覆盖材料较理想。

作物残体以长 30 cm 以下为好。高秆作物整秆（玉米、高粱）用于冬闲地和中耕作物行间覆盖，省工省费用，又不易为冬、春大风吹移。

用量多少都有一定覆盖效果。量多效果明显，麦草材料夏、冬闲地适宜用量 300 ~ 400 kg/ 亩，出苗期，越冬前用量 250 ~ 300 kg/ 亩。太多易压苗、烧苗，太少保墒效果差。高粱整株覆盖用量（冬闲地、中耕作物间）400 ~ 500 kg/ 亩，盖严为准。

覆盖时间不同，作物产量影响不同。如以冬小麦增温保墒为例，应在播种后，越冬前盖；春玉米、高粱等中耕作物可于幼苗期行间覆盖；秋季作物以调节地温、灭草、减小水分蒸发量为目的，以营养生长期覆盖为好。

覆盖秸秆终将深翻入土，为使秸秆易于腐解，应调整土壤碳氮比（C/N），在推荐配方施肥基础上，增施 15% ~ 20% 氮肥。

覆盖秸秆要整齐规范，以利田间作业。有风地区每隔 1 ~ 1.5 m 适量压土防风吹起。

（二）化学控制技术

化学控制保水节水技术是节水的重要途径。保水节水化学制剂以组成分为四类：无机化合物；有机小分子；有机高分子；植物生育调节剂。按用途及施用部位可分为：种子抗旱制剂，保水剂等。

1. 种子抗旱制剂

播前对种子进行化学处理能增强幼苗的活力，实现苗全苗壮，促进根系发育，利于水分养分吸收，能提高作物的抗旱能力。应用较多者有：

干湿循环法（双芽法）：用水对种子干湿交替处理，可提高作物的抗旱能力。方法：将种子用其干重30%的水分润湿后蒙上湿布，置15～20℃下24小时，再摊开晾干，如此反复2～3次，播种种子经过锻炼，代谢方式改变，可适应干旱。播种苗全苗壮，根系生长快，细胞原生质亲水性提高。渗透势增大，干旱后恢复正常生命活动快，显示出较强的抗旱能力。

过磷酸钙—硼酸液拌种：先配制过磷酸钙溶液，称取粉碎过的过磷酸钙3 kg，加水50 kg，充分搅拌，静置后倒入一个容器中，在过磷酸钙中加入硼酸50 g，得到6%过磷酸钙和0.1硼酸混合液。将种子置于一大容器中，称取一定量种子。按种子和混合液10：1的比例量取混合液。将混合液一半逐步均匀洒在种子上，注意搅拌均匀，放置1～2 h，待种子干后，再加另一半混合液拌匀，当种子松散不沾时可播。此法处理后，小麦有效分蘖增强1～2倍，苗干重增加20%，根量增加30%。千粒重增加3～4 g，每亩增产10～15 kg。也适于处理其他作物种子。

其他种子处理药剂：如用防腐酸（0.05%）、赤霉素（20 mg/L）、琥珀酸（0.03%）、硼酸（0.05%）、硫酸锌（0.3%）、磷酸二氢钠（5%～10%）、保水剂包膜等，种子处理后可促进萌芽成苗过程，减小种子在土壤中滞留时间，克服土壤环境对种子的不利影响。

2. 保水剂

特点与作用：进行种子包衣，种子吸水过程加快，增加了抗旱能力；施入土壤，增加土壤吸水、持水能力，增加土壤含水量，减少灌溉次数而节水；增加土壤保肥力，肥随水走，增加土壤养分有效性，利于作物吸肥。

使用方法：

种子包衣。保水剂与等量滑石粉混合均匀，按 3 ∶ 100 比例（3 份制剂拌 100 份种子）均匀撒在事先用水湿润的种子上，制剂立即牢固黏附种子表面，稍晾后即可播。干种子喷水量以干种子重 5% ～ 7% 为宜，种子排成薄层，用喷雾器喷洒为好。然后拌撒吸水剂。浸种时间较长的种子（油菜），应在沙田地用吸水剂处理后播种。

根部深层。要进行贮存移栽、运输的苗木、花卉，起苗后洗去泥土，将保水剂与木屑以 1 ∶ 1 的重量比混合，加适量水成混合液，苗木捆扎成束，放在底部有孔塑料袋内，苗袋浸在混合液中，充分吸水后栽植。

与培养土混合。将占培养土重 0.3% ～ 0.5% 的保水剂与干培养土混合均匀，即可浇水施肥播种。需要说明的是保水剂用量还应结合实际情况确定。

五、沙区生态、特色经济与科技经济农牧业

（一）沙区生态农牧业

1. 原理

沙区生态农业是把农业生产、农村经济发展和生态环境治理与保护、资源培育和高效利用融为一体的新型综合农业体系。它是以环境科学为基础理论，遵循生态学、生态经济学，运用系统工程的方法，通过经济与生态良性循环，实现农村经济高效、持续、稳定、协调发展的现代化农业生产体系。

在我国人口众多、资源短缺、环境严重破坏的国情条件下，如何实现农业持续发展，走出困境，必须做出科学的选择，走农、林、牧、副、渔各业多种经营，资源保护与合理利用，生态与经济协调发展的道路——生态农业的道路。可见选择生态农业有它的客观必然性。它解决了生产、经济与生态之间的突出矛盾，成为我国农业可持续发展的具体体现形式。

2. 主要技术措施

生态农业主要应用生态工程技术及传统农作技术，对农业生态系统进行设计和管理，并配合相应的配套技术，运用优化方法，设计多层次多级利用资源的生产系统。充分发挥资源的生产潜力，防止环境污染，达到经济与生

态效益同步发挥。生态农业的主要技术有：立体种养技术，这是劳动密集型技术，是浓缩我国传统农业精华的技术模式。它与现代新技术、新材料结合，使这一技术得到更充分发挥。

立体种养技术通过协调作物与作物之间，作物与动物之间，以及生物与环境之间的复杂关系，充分利用互补机制并最大限度避免竞争，使各种作物、动物能相互平衡，以提高资源利用率及生产率。这类模式在我国农区相当普遍，尤其是资源条件较好、生产水平较高的地区更是类型多样，成为解决人多地少、增产增收的主要途径；有机物质多层次利用技术：通过物质多层次、多途径循环利用，实现生产与生态的良性循环，提高资源利用率，是生态农业中最具代表性的技术手段。主要通过种植业、养殖业的动植物种群、食物链及生产加工链的组装优化加以实现。

3. 科学施肥

在农牧业地区，首先考虑畜禽粪便的施肥利用，在科技不发达的地区，粪便未能有效利用，只能经过一段时间的发酵后，直接施到农地，以提高土地的肥力，增加农作物的产量。科技发达的地区，粪便经过一系列的利用，如作为沼气池发酵用的沼气，喂养鸡鸭后的粪便再用作有机肥料等；除此之外，还必须施加一些化学肥料，以增强植物抗病害的能力。施肥的另一种方式是利用农作物的秸秆，其产量巨大，秸秆的一部分直接还田作为肥料，还有一部分作为饲料供牛、羊等草食动物食用。

4. 合理间作与轮作

注意轮作倒茬，合理间作套种，同种农作物易发生相同病害，为防止病源的传播与蔓延，应有计划地进行轮作，尤其是瓜类与茄类蔬菜生产。实践证明，合理间作套种选择互利组合，进行立体种植，有利于减轻病虫草害发生。

20世纪80年代研究推广的具有我国特色的西瓜、甜瓜与粮棉及其他经济作物间作套种技术模式在发展西瓜、甜瓜生产中也起到了重要作用，目前主要有两种方式：一种是将西瓜、甜瓜套种在粮棉产量低、适合种瓜的沙区、滩地，增加经济收入；另一种是将西瓜、甜瓜与小麦等越冬作物或棉花、玉米、花生等夏秋作物间作套种，获得瓜、粮（棉、其他经济作物）双丰收。在长江中下游地区则实施瓜、稻轮作，可使晚稻增产10%以上，同时增加了农民收入。

5. 农林与林草复合系统、经典模式简介

草原牧场可开发成一个生态型综合性农工联合企业，如集约经营高产草场，为牛、羊（禽）提供饲料，建立肉、奶等产品综合加工厂实现增值，弃肥及加工剩余物制作肥料用于草场施肥，工厂的能源要充分利用太阳能、风能等，形成"种、养、加、能源一体化"生产，形成生产、生态良性循环，有很好的生态效益和经济效益，也是较为典型的生态农业模式。

把牧草加工或直接饲喂的牛、羊等，肉、奶等送到食品加工厂和罐头厂，血、皮等送到饲料加工厂和皮革加工厂，畜粪进入沼气池，沼气一部分用于发电，一部分直接作为燃料。沼气池的残渣污泥先送到沉淀池沉淀，污泥可作为提取维生素的原料或作肥料；沼液可作肥料或送到氧化塘，清洗畜舍的脏水也送到氧化塘，由于其营养丰富，可生产水藻用来养鱼；氧化塘水面的浮渣可作为鸭、鹅的部分饲料，塘泥又是草场的好肥料。这样一个良性循环，使牧场的有机废物得到充分综合利用，动植物产品及加工产品又获得良好的经济效益。

（二）沙区特色经济农牧业

沙区群众可以根据当地的自然地理状况，发展具有特色经济的农牧业。呼伦贝尔市的奶牛和大豆，兴安盟的水稻，通辽、赤峰的玉米，锡林郭勒的牛羊肉，乌兰察布市的马铃薯，巴彦淖尔市的小麦，鄂尔多斯市、阿拉善盟的绒山羊等，各具特色，优势突出。可以在当地政府的扶助下走具有特色经济的沙区农牧产业，调整地区的经济结构。积极主动宣传绿色消费是一种新的消费时尚，农畜产品大多产于无污染的大草原，是天然的绿色产品，可以迎合市场需求，突出绿色品牌，在发展当地经济，发展特色经济和优势产业的同时，要避免结构雷同的重大举措。

（三）沙区科技经济农牧业

沙区科技农牧业是大力推广生态农业、立体种植、工厂化育苗等高新技术成果，引进推广农业新技术，用于对传统农业进行嫁接改造，提高农业新技术覆盖率、良种普及率。依靠技术创新，不断提高农业科技含量，注重硬件建设。比如修建道路，有条件灌溉的地方修建农渠，建立农产品批发市

场，建立蔬菜养殖基地等；同时还要求高度重视生态治理关键技术的研究与推广，重点开展沙尘暴成因的研究；加强适宜性植物种研究，适宜种及苗木筛选、配置、处理技术研究；以草定畜、种草轮牧、舍饲和半舍饲模式的研究；生物与工程防治措施结合的研究；不同生态类型区高效节水集水技术研究；沙地综合治理技术与持续利用模式，困难立地造林技术研究等。

（四）沙区多种经营、综合经营

要积极探索生态治理的产业化与经营型模式。发展多种经营、综合经营，实现生态效益、社会效益与经济效益协调发展与统一。

沙区可开展农、林、牧、副、矿业综合经营的路子，努力发展沙区经济，提高人民的生活水平，增加农牧业的经济产出，从多方面考虑产生的经济效益，加大科技投入，引进各种人才。

▶ 第四章

植物防沙治沙项目实践：沙地红枣精品示范园建设

沙地红枣精品示范园建设

　　为扎实有效的解决陕北红枣裂果、落果等技术难题，运用节水灌溉和覆膜保墒增温技术措施，实现沙区干果经济林，调整沙区农业产业结构，推进沙地红枣矮化品种发展，陕西省治沙研究所针对植物防沙治沙进行沙地红枣精品园建设试验示范项目实践。本章就项目建设条件与建设方案、投资来源与保障措施、效益评价展开论述。

第一节　项目建设条件与建设方案

一、项目建设条件

（一）项目区自然条件

1. 气候条件

　　项目区属暖温带半干旱大陆性季风气候区。日照充足，降水较少，蒸发量大，气候干燥。年日照时数 2 925.5 h，日照百分率为 66%。年总辐射量 145.2 KJ/m²。年平均气温 7.8℃。最冷月（1 月）平均气温 –10.0℃，最热月（7 月）平均气温 23.4℃。极端最高气温 38.6℃，极端最低气温 –32.7℃。≥ 0℃积温 3 731.7℃，≥ 10℃积温 3 217.6℃。平均早霜始于 10 月 1 日，晚霜终于 4 月 27 日，无霜期 155 天。年降水量 400 mm，80% 保证率的降水量 314.0 mm。降水多集中在 7～9 月，占全年降水量的 70%。风沙日年平均 81 天，大风日数年平均 10 天，大于 5 m/s 的起沙风年平均 230 次，平均风速 2.2 m/s。主要的灾害性气候有干旱、冰雹、霜冻、风灾，常给生产带来较大的危害。

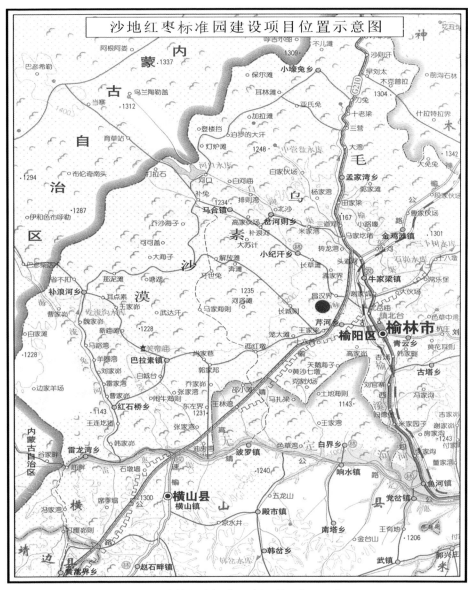

图 4-1　沙地红枣标准园建设项目位置示意图

2. 地形地貌

项目区位于榆林市榆阳区陕西省红枣苗木繁育基地，境内平均海拔1 102 m，地貌属陕北黄土高原与鄂尔多斯高原过渡地带，大地构造单元属于鄂尔多斯台向斜的一部分（图4-1）。地质活动相对稳定，地震较少。由于该区地质上广泛分布着第四纪河湖泊松散沉积物以及易分化破碎的白垩纪中生代沙页岩。所以，为流沙的形成提供了丰富的物质基础。当地表植被遭到破坏后，在强劲的西北风吹蚀下，逐步形成分布广泛的风沙。

3. 土壤条件

项目区属固定风沙土，母质为风积物，土壤剖面有发育层次分化，地表结皮较厚，出现弱团块结构，但剖面发育仍未出现地带性土壤特征，其形成不受地下水影响，耕作的风沙土形成耕作层。有机质含量0.833%，全氮量0.042%，速效磷1.08 mg/kg，速效钾1.081 2 mg/kg。随着生境的不断变化，各类微生物的数量显著增加，其分布随着土层深度、种植年限和季节的不同而不同、微生物活性也明显增加，种植固沙植物后，根系产生的各种代谢物改变了根际的理化环境，促进了根际微生物的发展，同时微生物的旺盛繁殖，也促进了风沙土向良性方向演变。

4. 自然植被

项目区植被为温带草原型，属欧亚草原的一部分。地带性草原植被退化，沙生植物占优势，以草本植物为主，少木本植物和半灌木。由于长期过渡的垦殖，土地沙漠化的发展使区内以长芒草群系为代表的地带性草原植被退化，沙生植被沙蒿群系和小叶锦鸡儿群系构成沙地植被的代表群系。

区域周边植物分属87科612种。其中乔木有樟子松、油松、班克松、彰武松、云杉、圆柏、侧柏、箭杆杨、刺槐、桃叶卫矛、合作杨、小叶杨、旱柳、垂柳、国槐等；灌木有花棒、踏郎、沙棘、柠条、长柄扁桃、乌柳、沙柳、紫穗槐等；草本有沙米、沙竹、沙蒿、牛心朴子、狗尾草等沙地植物。

目前，横贯项目区的人工大型防风固沙林带已基本建成。受风沙危害的19.8万亩农田基本实现林网化。一个乔灌草、带片网相结合多林种、多树种、多草种的防护林体系初具规模。周边20多万亩的樟子松森林景观是人工筑起的又一亮丽的风景线。

5.基础设施条件

项目区紧靠交通要道沿线，交通便利，通讯便捷，设施齐全，为省级红枣干果经济林精品示范园建设的顺利实施提供了必要的、有利的基础条件。

6.社会经济情况

项目区地处榆林市榆阳区北，距榆阳城区 5 km，属榆阳区城市经济内圈层。东为包茂高速公路、南为榆阳区机场专线，西接小纪汗试验林场，北与榆乌路接壤。交通区位、经济区位优势都十分明显。

榆林是我国矿产资源最丰富的地区之一，是陕西省重要的能源化工基地。煤炭、天然气、石油及岩盐资源相当富集，其中煤、天然气、岩盐均以特大型矿床产出，资源远景相当可观。市域所拥有的矿产资源总量（潜在价值）约占陕西省的 95%，约占全国的 30%，堪称全国矿产资源丰富的第一市。煤炭储量 2 700 多亿吨，为世界七大煤田之一，天然气储量 3 000 多亿立方米，石油储量 5~6 亿吨，湖盐储量 9 000 万吨。此外，还有高岭土、铝土矿、石灰岩、石英砂等。全市共建有各类煤矿 400 多个，火电厂 11 座，燃气电厂 2 座，总装机容量达 597.72 兆瓦。石油开发达 10 万平方千米，年产原油 200 万吨。以矿产资源开发为龙头的榆林经济已跨入陕西省经济发展快车道，成为西部大开发中一颗璀璨的明珠。

（二）我国红枣产业概况

红枣，又名大枣（*Ziziphus jujuba* Mill），属于被子植物门、双子叶植物纲、鼠李目、鼠李科（Rhamnace-ae）、枣属（*Zizyphus* Mill.）植物。枣树原产于我国，早在远古时代，枣树就与桃、杏、李、栗一起并称为我国的"五果"。几千年来，枣树一直长盛不衰，并深深融入了中华民族的药食文化和风俗习惯之中，是我国最具代表性的民族果树之一。我国枣资源十分丰富，有枣品种 736 个，其中制干品种 224 个，占枣总量 30.4%。全国枣树栽培面积 100 多万公顷，主要分布在黄河中下游的晋、冀、陕、鲁、豫 5 省及新疆的阿克苏地区，年产量 400 多万吨，占世界总产量的 99%，并占有近 100% 的国际贸易市场。

红枣为温带作物，适应性强，种植范围广泛。红枣素有"铁杆庄稼"之称，具有耐旱、耐涝的特性，是发展节水型林果业的首选树种。红枣原产我国，目前分布于世界各国的红枣，均由我国传入，我国红枣栽培在世界红枣产业中占据着举足轻重的地位。红枣不仅味道鲜美、营养丰富，而且具有独特的药用价值。

1. 红枣的营养价值

红枣在人们的印象中是补血养生的佳品，它含有丰富的蛋白质、脂肪、糖类等多种营养成分，具有提高免疫力、补脑益智、补气养血等作用。并且，红枣有保护脾胃的功效，经常吃红枣，还能补中益气，健脾胃，增强食欲，防止腹泻。除此之外，红枣所含的芦丁，是一种使血管软化、降低血压的营养物质，对高血压患者有很好的保健作用。红枣味美，营养丰富，是深受群众喜爱的营养保健食品。据分析，干枣含糖量达50%以上，其中以还原糖为主，蔗糖次之。蛋白质 $3.3 \sim 4.0$ g/kg，脂肪 $0.2 \sim 0.4$ g/kg。此外，枣果中还含有18种氨基酸，其中包括成人体内不能合成的丙氨酸、苏氨酸、色氨酸、蛋氨酸、赖氨酸和缬氨酸，以及儿童体内必需又不能合成的组氨酸、精氨酸。枣果富含多种维生素，维生素 E 含量尤其高，100 g 鲜枣中维生素 E 含量高达 $500 \sim 800$ mg，仅次于猕猴桃，比柑橘高 $7 \sim 10$ 倍，是苹果的 100 倍。制干后维生素也有较高的保存率，每 100 g 干枣中含维生素 E$15 \sim 67$ mg、胡萝卜素 0.4 mg、维生素 B_1 0.05 mg、维生素 B_2 20.15 mg、维生素 PP 1.1 mg。红枣中的维生素 P 含量是百果之冠。枣果中还含有丰富的矿质元素，主要有氮、磷、钾、钙、铁、铜、锌等，这些人体不可缺少的矿质元素，对成人保健及促进儿童发育和提高智力尤为重要。此外，红枣还含有黏液质、有机酸及环磷酸腺苷（cAMP）等物质。从营养角度看，红枣是公认的天然维生素丸，具有极高的营养价值和抗衰老的作用，是人们日常生活中的首选果品，所以，民间有"日食三枣，长生不老"之说。

2. 红枣的医疗保健价值

红枣不仅营养丰富，而且具有很高的医疗保健价值，从古至今，对其药用价值有不少报道。我国用红枣治病由来已久，《神农本草经》即已收载，历代药籍均有记载，对其养生疗病的认识不断深化。至今，红枣仍被视为重要滋补品，李时珍在《本草纲目》中说：枣味甘、性温，能补中益气、养血生津，用于治疗"脾虚弱、食少便溏、气血亏虚"等疾病。常食大枣可治疗身体虚弱、神经衰弱、脾胃不和、消化不良、劳伤咳嗽、贫血消瘦、养肝防癌功能尤为突出。

现代科学研究证明，大枣的药理作用主要包括：①有较强的抑癌、抗过敏作用。大枣含有环磷酸腺苷（cAMP），乙基 x-D- 呋喃果糖甙等，乙基 x-D- 呋喃果糖甙对 5- 羟色胺和组胺有抵抗作用，也有抗变态反应作用。cAMP 具有激素活性及儿茶酚胺的作用。口服大枣后，cAMP 被消化道吸收，移行到末梢组织，使这些细胞内的 cAMP 比例持续增高，这是大枣抗过敏作用的基本机制，为更好地使用中药方剂治疗支气管哮喘及过敏性疾病提供了科学依据。②红枣具有补虚益气、养血安神、健脾和胃等功效，是脾胃虚弱、气血不足、倦怠无力、失眠等患者良好的保健营养品。具有镇静、催眠作用。主要由 cAMP 及两种黄酮甙引起。③降压作用。这与其所含的黄酮—双葡萄糖甙 A 及苹果糖甙有关。④保肝护肝作用。因其含有三萜类化合物成分，能增加血清总蛋白和白蛋白的含量。对于急慢性肝炎、肝硬化患者及血清转氨酶活力较高的病人，能降低血清谷丙转氨酶水平。⑤增强体力。英国科学家在 163 个虚弱患者中做过试验，凡是连续吃红枣的人，身体恢复的速度比单纯服用维生素的人快 3 倍以上。红枣有抗疲劳的作用，能增强人的耐力。⑥红枣富含的环磷酸腺苷，是人体能量代谢的必需物质，能增强肌力、消除疲劳、扩张血管、增加心肌收缩力、改善心肌营养，对防治心血管疾病有良好的作用，还能降低胆固醇。⑦预防亚硝酸盐类物质引起的肿瘤，对急慢性肝炎、肝硬化、贫血、过敏性紫癜等症有较好疗效，并可抑制癌细胞的增殖。

（三）红枣产业发展状况

1. 中国红枣生产总体情况

中国是枣的原产国，也是世界上最大的枣生产国，据 2013—2014 年统计，枣栽培面积 100 多万公顷，年产红枣 431.56 万吨，占世界枣树种植面积和产量的 98% 以上，国际贸易的枣几乎 100% 来自中国。据统计，新疆红枣种植面积 46.67 万公顷，占全国总面积的 30%，年产红枣 220 万吨，占全国总产量的 50% 左右，但枣园均建设在土质地块上。陕北近年来在黄河沿岸地区建设 6.67 万公顷红枣基地取得了成功，对陕北地区生态建设发挥了重要的作用，并给当地农民和财政带来了一定的经济收入，但主栽区位于陕北地区东南部黄河沿岸地区，主栽品种是当地的木枣、油枣，采用传统的栽培技术，经济价值还是比较低的。我国山西种植红枣 36.67 万公顷，河南种植红枣 17.92 万公顷，河北种植红枣 13 万公顷，均以干制枣品种为主，山东有鲜食枣品种 20 万公顷，是我国主要鲜食枣基地。如果在我国北部沙漠化土地上采用节水灌溉和枣树丰产栽培新技术，选用优良品种，使红枣在沙漠化地区得以发展，农业产值可上升 5 倍，这将极大的促进沙漠化地区的农民栽植枣树的积极性，对利用废弃沙漠，改善沙化生态环境，发展地方经济，提高人民生活水平，保护和促进我国枣产业发展均具有重要作用。

2. 中国红枣的资源状况

我国红枣资源丰富，占世界红枣总产量的 98%，在国民经济中具有重要意义。枣树在我国分布广泛，除辽宁省沈阳市以北的寒冷地区以外，其他省区都有种植。河北、山东、河南、陕西、山西等 5 省栽植面积大，产量占全国的 90% 左右。全世界枣属植物约有 40 种，我国就占 17 种，栽培品种有 700 多个，其中晋枣、狗头枣、油枣、脆枣、直社枣、水枣、山西梨枣、金丝小枣、灵宝大枣、赞皇枣、灰枣等最为著名，果实最大的品种如山东梨枣、彬县晋枣，每颗重达 40 g，最小的品种如无核枣和冬枣，每颗仅有 5 g。红枣按果实用途可分为鲜食、制干、鲜干兼用、蜜饯用和观赏用 5 类，各类用途的枣中均有其优良品种。中国枣协会 1991 年年会评定的优良鲜食枣品种有 9 个，制干品种 7 个，鲜干兼用品种 8 个，蜜饯用枣品种 5 个，观赏品种 7 个。

3. 红枣干鲜品种资源分布

我国枣产区分为南方枣区和北方枣区。南方枣区鲜食品种主要分布于湖南、湖北、安徽、江苏、浙江等几个省，北方枣区是我国鲜食枣的主要分布区，按照宁甘新、陕晋、河南、冀鲁、辽宁几个区域来看，冀鲁、陕晋两个区域的鲜枣品种规模最大，并且著名的品种也较多，宁甘新枣区的优良鲜食枣品种少，但有一定的发展潜力。河南枣区规模化生产的鲜食枣品种不多，辽宁枣区的优良鲜食枣品种最少。结合我国几个鲜食枣产区的特征，根据各产区的气候、土壤及环境特点，划分出了几个类型区，其中最优类型区是黄河下游山东、河北冬枣区和山西南部、陕西东部、河南北部黄河中游鲜枣产区，其次是陕晋黄河沿岸黄土丘陵鲜枣产区和山西汾河上游交城、太谷鲜枣产区、新疆环塔里木盆地沿线鲜枣产区、敦煌哈密和河西走廊鲜枣产区。靖远、中宁黄河上游沿岸鲜枣产区有一定的发展潜力，山东南部、河南东部和苏皖北部鲜枣产区需要有适宜的品种，特别是抗裂品种。

北方枣产区包括淮河、秦岭以北地区，与南方枣产区的分界线大致在15℃等温线处吻合，年降水量在650 mm以内。该枣产区枣树品种资源丰富，类型复杂，果实干物质多，含糖量高，适于干制。

4.沙漠地区栽种红枣的意义

沙漠地区干燥、多风，阳光充足，夏天午间地面温度可达50℃以上，夜间又降到10℃以下，由于昼夜温差大，有利于植物积累糖分，所以沙漠绿洲中的水果含糖量很高。采用高新技术，在沙地合理营造经济林，对防止土地沙漠化，提高土地经济效益，改善贫困地区人民生活具有重大意义。如果在沙漠化土地上选用优良品种，采用高新技术，利用节水灌溉和水肥一体化，建设红枣优质丰产园，生产的红枣则有着很高的商品价值，在国内外均有着广阔的市场前景。据近几年实践，陕北地区潜在沙漠化土地种植农作物收入不足1.5万元/公顷，栽植枣树收入可达7.5万元/公顷，经济效益可上升5倍。

5.红枣加工业现状

目前，国内已开发出许多红枣加工制品，市场上的红枣加工品可谓琳琅满目。总体来看，可以归结为以下几类。

枣干制品制干是我国红枣加工业的主流，国际、国内市场上见到的红枣产品以干制品居多。红枣主要干制品种有干枣、滩枣、脆枣、乌枣、芝麻枣、酥枣、夹心枣。

枣系列饮品这类产品是目前研制最多的，也是当前红枣开发的一个热点，现已生产出的红枣饮品多种多样。以红枣为基料生产出的饮品有天然红枣汁饮料、红枣可乐饮料、红枣汽水等，有用红枣与枸杞、山楂、菊花、胡萝卜、骨粉等配制而成的复方滋补保健饮料。以枣汁与大豆、花生为原料生产的饮品，如枣汁大豆发酵酸奶、红枣豆乳、红枣花生乳等，通过合理搭配，使红枣与大豆、花生营养互补，富含蛋白质和维生素，是新开发出的一类营养保健型特色饮品。

枣罐头和枣酱产品开发出的枣罐头产品有糖水红枣罐头及红枣与其他原料复合制成的各种罐头，如银耳枣栗罐头、花蜜四宝罐头等。

其他产品包括一些大枣提取物，如枣精、枣色素、枣糖色素等，还有蜜枣、醉枣、枣羹、枣晶、红枣固体饮料、枣珍等。

（四）产业发展的规模、分布

枣业是榆林市的传统优势产业，已有 3 000 多年的栽培历史。榆林市委、市政府高度重视林业发展，大力支持红枣、核桃、海红果、长柄扁桃等特种经济林的发展，全市的经济林建设呈现出良好的、健康的发展态势，形成了以佳县、清涧等县区为主的红枣经济林基地。全市红枣主栽品种有 20 多个，引进品种近 20 个，主产区涉及佳县、清涧、吴堡、米脂、榆阳等 9 县区的 100 个乡镇、2 470 个行政村，枣农人口 72.58 万人。目前，榆林全市红枣保存面积达到 170 万亩，其中挂果面积为 135 万亩，枣农人均拥有枣树 2 亩多。正常年鲜枣产量约 40 万吨，产值约 20 亿元，枣农人均红枣纯收入可达 3 000 元。榆林市红枣在面积和产量上均占到全国的 10% 和陕西的 75%。红枣产业已成为榆林市特别是黄河沿岸区域农业支柱产业之一。

（五）产业发展可行性

1. 光热资源丰富

榆林沙区由于土壤、气候、水分等资源条件充足。通过项目组在我国红枣主产区的山西、新疆、甘肃等调研考察，引进当地经过多年栽培筛选出的优良红枣品种，即灵武长枣、秦宝冬枣、金昌 1 号和金沙脆枣四个优良矮化品种适宜在榆林沙区集约化、规模化栽培，而且品种优、产量高、经济效益高，对本项目的实施提供了稳定的、坚实的群众基础。

2. 基础条件便利

项目实施区区域特色明显，交通便利，土地资源丰富，灌溉基础条件良好，适宜发展沙区经济林土地面积充足，便于区域内的示范观摩和果品销售的沙地或滩地示范建设，为项目的顺利实施提供了有利的基础条件。

3. 管理水平先进

项目区通过近年的沙地红枣栽培、试种，积累了一定的经营管理经验和先进的节水灌溉实用技术；投入和产出比相对较高。

（六）产业发展优势和存在的问题

1. 发展优势

一是榆林市政府对榆林沙区经济林产业建设高度重视，出台了多项优惠政策，财政资金积极扶持，鼓励优良红枣品种在沙区大面积发展；

二是由于气候条件适宜，立地条件好，榆林沙区具有发展红枣经济林得天独厚的优势条件和悠久的种植历史；

三是农民对脱贫致富的愿望迫切，积极性高，参与性强，并在多年的红枣经济林建设中积累了很多宝贵的实践经验；

四是为确保项目建设顺利实施，成立项目建设领导小组，项目建设实行主管领导责任制，并严格按省级干果精品园示范项目建设管理程序，强化检查、监督制度。

2. 存在问题

管理粗放，品种混杂，科技含量低，单产低且产量不稳定。红枣生产仍按传统的粗放模式管理，科技含量低，生产的红枣单产低、残次枣多，商品率低。新建陕西省红枣苗木繁育基地大部分档次不高，丰产栽培管理技术普及率低，距科学化管理、集约化经营还有一定的差距，导致红枣优果率低，经济效益不高。除黄河沿岸主产区外，其他地方群众对栽枣树的认识模糊、积极性不高。

自然灾害影响枣产业健康发展。枣树受自然灾害的影响，产量极不稳定。枣树开花期忌多风、阴雨、沙尘天气，否则影响坐果或落花落果现象严重发生。成熟期，遇连阴雨天气，会造成红枣裂变而腐烂甚至绝收，已成为红枣产业发展中存在的突出制约因素。据调查，2007—2012年，连续几年因阴雨裂果几乎全军覆没；2013年，红枣成熟期，连遇阴雨，全部裂果；2014年，由于花期天气骤冷，导致枣花受挫，枣树几乎不挂果。每年的连绵秋雨，造成全市95%的红枣腐烂，失去商品价值，造成巨大的经济损失。频发的自然灾害使枣农失去信心。

加工技术滞后，品牌意识不强，精深加工少。红枣的产后加工利用还处于初级阶段，以原料干制为主。虽然加工企业数量多，但大多都规模小、技术简单，仅仅是简单的干燥分选包装，很难起到产业龙头的作用。目前红枣产品竞争激烈，很多产品以次充好，以假乱真，让消费者信任的品牌没有显现，市场受到严重冲击。另外，品牌杂乱，知名度不高。主要表现为，①低档产品多，高档精品少；②一般性品种多，名特新优品种少；③粗加工多，深加工少。总体而言，加工企业普遍规模小、科技含量低、基本是简单的初级加工，而且多数属于季节性加工，产品单一，生产秩序混乱，没有统一的质量标准和卫生要求，产品附加值低。

红枣销售网络不健全。榆林市红枣无论从品质还是外形上都堪称上品，但由于宣传力度不大，产业化水平低，市场开发不足，竞争力不强，在市场上没有形成属于自己比较知名的主打品牌，仍以出售原枣为主。

科技含量有待进一步提高。从优良品种繁育、栽培管理、产品加工到市场营销等一系列环节上，科技支撑力度还不够，产品附加值极低。引进新品种、新技术、研究开发红枣系列深加工产品力度不大，残次枣的综合利用尚属起步阶段。

（七）项目建设必要性

1. 红枣作为我国传统木本粮食，是国家粮食安全的重要保障

红枣作为我国传统的木本粮食，一直在国家粮食安全方面起到重要作用。枣果营养丰富，用途广泛——药食兼用，可鲜食、制干和加工成各种产品，一直受到人们的青睐。枣树适应性强，分布广泛，在干旱半干旱的山区、沙地以及河流滩地都能丰产、丰收而作为产业发展。我国现有枣树面积 2 500 多万亩，年产值 240 亿元，主产北方。其中山东、新疆、陕西、山西、甘肃等枣面积和产量占我国总量的 90% 以上。红枣产业是榆林市的传统优势产业，已有 3 000 多年的栽培历史，现已成为榆林市特别是黄河沿岸区域农业支柱产业之一。全市红枣主栽品种有 20 多个，引进品种近 20 个，主产区涉及佳县、清涧、米脂等 9 县区的 100 个乡镇。目前，榆林全市红枣保存面积达到 170 万亩，其中挂果面积为 135 万亩。

2. 枣产业是促进山区、沙区经济社会发展的重要途径，是区域性现代林业产业发展的最好形式

枣在我国主要分布在黄河中下游的盐碱滩地、黄河中上游的山区、西北干旱半干旱的内陆河流域，交通不便，经济相对滞后，但枣产业优势明显。主要表现在：基地建设初具规模，良种化的栽培模式已经成形，产业化开发效益显著。所以，枣产业已成为促进山区、沙区和农区经济社会发展的重要途径，成为区域性现代林业产业发展的引领者。随着现代果树产业的发展，"品种良种化和良种区域化、优质高效栽培、采后处理与加工现代化"成为

我国枣产业发展的方向，抗逆良种、优质高效的栽培技术和工业化的技术设施则成为支撑现代枣产业发展的技术和条件保障。

3.沙地红枣经济林建设，是发展沙区特效经济林的战略需要

《林业发展"十三五"规划》《陕西省林业产业规划纲要（2006—2020）》陕西省人民政府关于推进红枣等五大干杂果经济林产业发展意见中均将红枣经济林列为重点建设项目，其中榆林市是陕西省红枣经济林的重点市，也是红枣最佳适生区域之一。当地红枣栽培历史悠久，资源丰富，是传统的特色产业和农民主要增收项目。在该区域发展红枣经济林精品园建设，发挥资源及品种优势，优化土地、资金、技术、人力资源配置，实施园区集约化带动作用，增强红枣品牌发展战略和市场竞争力，对推动榆林沙区红枣产业稳定可持续发展有重大的现实意义。

4.枣经济林是依靠先进技术，调整农业产业结构，促进区域经济发展的现实需要

红枣产业是陕北的主要经济产业之一。在榆阳、清涧、佳县等九个县、区是农民主要的经济来源。随着市场经济发展，传统栽植的红枣品质已难以跟上市场发展的需求。沙地红枣的栽植为传统红枣产业寻找到新的发展机遇。本项目建设依托有利的区位和资源优势，以产业培育为核心，以规模化经营为基础，以特色产品为支撑，以标准化生产为目标，坚持"板块开发，整体推进"的原则，按照"抓示范、促规模、抓规范、促效益"的工作思路。选择抗逆性强的矮化新品种，激活了闲置沙区土地资源，调整了农业产业结构，又保障了沙区农民的经济收入，加快了沙区经济林发展，通过先进的技术投入和科技创新，实现了由传统林业向现代林业转变、粗放经营向集约经营转变，解决了沙地红枣节水栽培技术，提高了沙地红枣的产量和质量，带动了农民种植积极性，大力发展沙地红枣这一当地优势特色产业，促进了区域经济发展，实现了沙区的可持续发展，为沙漠化治理提供了示范样板。

（八）我国红枣产业发展的前景与对策

红枣是我国特有的优势果品资源，红枣原料和产品是由我国独家生产供应的，在世界贸易中占绝对主导地位。红枣中含有丰富的营养和生物活性物质，有很高的营养价值及很好的保健功能。近年来，随着对红枣功能成分及

其保健作用的深入研究和不断宣传，越来越多的消费者逐渐认识到红枣及其加工产品的功能作用。因此，不论在国内还是国际市场，红枣产品都将具有广阔的贸易发展空间。

虽然我国红枣产业发展迅速，现已进入全面发展阶段，但从整体来看，还存在一些问题：枣品种选育工作落后于市场需求和生产需要，红枣品种杂劣，主栽品种仍为传统品种，且良莠不齐。干枣由于在食用时皮渣太大而带来口感低下问题，加之西方国家的人没有食用习惯，销售市场主要集中在国内以及其他国家的华人聚集区。全国各红枣产区的产后加工还处于初级阶段，以原料干制为主，技术含量不高，产品附加值低，加工规模较小，加工工艺简单，严重地影响了产品的质量。包装档次低，加工制品单一，销往日本、美国、加拿大、新加坡等国的红枣制品主要是干枣，这种初加工产品极大地影响了产业效益。在红枣产后加工利用中缺乏统一的生产安全和卫生质量标准，产品质量混杂，对市场造成了较大冲击。

发展对策针对以上我国红枣生产加工中存在的主要问题，提出以下对策及建议：以市场为导向，以效益为中心，稳步发展，加快良种选育和推广步伐，实行标准化生产、规范化管理、集约化经营，进一步提高红枣及其加工品的质量。随着技术进步和加工工艺的不断完善，全方位、多层次开发红枣深加工产品及具有特定功能的保健产品，既保存红枣的营养和功能，又可使产品的口感得到很大改善。加强红枣加工新产品的研制开发，丰富加工品种类。在新产品开发研究中，要注重工艺技术的生产实用性，不断提高科学研究与生产应用的结合程度，从而促进科技成果的真正转化。利用现代科学技术，改善传统产品加工工艺，减少对红枣营养成分的破坏。应用超临界萃取技术、生物工程技术、低温粉碎技术、真空冷冻干燥技术、纳米技术和微胶囊造粒技术等新技术，研究开发红枣深加工新产品，提高产品附加值，加大市场营销力度。积极开拓国内外市场，扶持能进入国际市场的大型龙头企业，强化鲜食枣贮藏保鲜，提高采后分级处理和深加工能力，加快红枣产业化发展。进一步加强产品生产规范操作规程、产品卫生质量安全标准，完善影响原料生产、采收、运输、加工和贮存等过程的全程安全质量控制体系。大力发展鲜食枣设施栽培，提高鲜食枣的市场份额和占有率。发展沙地红枣，节约水土资源，改善生态环境，为一带一路生态建设和经济发展做出贡献。

二、项目建设方案

（一）指导思想

以科学发展观为指导，以生态文明理念为引领，以"板块开发，整体推进"的原则，按照"园区规模化、经营集约化、产品品牌化"的发展思路，以优质、高效和安全生产，示范带动区域产业基地的发展为目标，立足"提质增效、示范带动"，以精品园建设为核心，以科技支撑为动力，坚持现代林业产业发展方向和要求，坚持示范带动、规模经营、政府引导、市场运作和项目管理，建设高标准特效经济林示范基地，不断优化农村产业结构和资源配置，形成区域化、规模化、标准化沙地红枣产业示范园区，提高沙地红枣产业化发展的综合效益，加快农业产业结构调整，着力构建我国林果主产区和生态脆弱区生态安全屏障，带动榆林现代农业发展，促进农民持续增收和区域经济的健康发展。

（二）基本原则

坚持科技先导和标准化原则。以科技为支撑，使用优良品种，实施品种化栽培，运用创新理念，合理规划、科学设计，坚持高起点、高标准建园，规范化管理，品牌化经营。

坚持因地制宜、突出特色的原则。依托当地资源优势、区位优势、产业基础和市场优势，加快发展区域具有特色的优良品种，形成优势突出，特色鲜明的产业发展格局。

坚持规模化与效益优先原则。实施区域发展战略，合理布局，规模发展；推广应用新技术、新品种、新工艺，最大限度发挥土地生产力，不断提高单位面积产量、产值。坚持生态、社会、经济效益相统一，培育、开发和利用经济树种，实现生态效益与经济效益双赢的效果。

坚持全面规划、注重实效原则。统筹规划、分步实施、突出重点，积极引导农户转变观念，形成建设标准化、生产规模化、经营一体化、服务社会化的地方特色产业。把示范园建设和普及林业实用新技术相结合，示范推广和辐射带动，逐步带动周边农户大力经济发展沙区经济林，加快推进沙区优良矮化品种干果经济林建设步伐。

（三）规模与布局

2016 年沙地红枣经济林精品园示范项目建设规模为 70 亩，其中：30 亩移植嫁接苗建园、30 亩节水灌溉直播建园。宣传牌 1 块，标志牌 4 块。

2017 年沙地红枣经济林精品园示范项目拟建设规模为 80 亩。其中：50 亩温室大棚建园、30 亩良种红枣种质资源收集圃。

图 4-2　沙地红枣示范园

（四）建设内容

项目所在地属于榆林沙区，海拔 1 102 m，土层深厚，适宜红枣栽植，结合沙区实际，示范园树种选用抗逆性强的优良矮化红枣。品种为：灵武长枣、秦宝冬枣、金昌 1 号、金沙脆枣等 20 个品种。

具体建设内容为：

1. 种苗建设区

精品园示范区：由陕西省治沙研究所建设优质沙地红枣精品示范园 150 亩，对沙地红枣的规范化栽植、集约化管理做一个标准样板。以满足优质红枣结实与管护技术试验的需要。

枣园应统筹考虑道路、防护林、排灌系统、输电线路及机械管理间的配合。根据实际地块、管理定额、灌溉区参照确定小区面积（见图4-3）。

种苗繁育区：红枣种苗繁育以无性繁殖为主，园区建设遵循就近建设、自繁自用的原则，按年度计划进行，已经建成的中心苗圃繁育区2 hm²，以优质的新疆李酸枣种子育苗为主体，大田驯化育苗为补充，实现发展用苗良种化、本地化、优质化。育苗计划按照基地建设计划提前两年安排，按正常育苗亩出圃苗木4 000株计算，加上15%补植计划，此区计划2016年育苗4 hm²。

2.直播建园

选用抗逆性强、适应性广、嫁接亲合力高酸枣作为砧木建园。精选酸枣仁，剔除破损、干瘪种仁，保留种仁饱满、匀称、整齐。设计好合理的种植密度，一般采用0.5 m×2 m的株行距。每穴播种3粒种子，呈"品"字形播种，保证出芽整齐，一次成园，进行精量播种、覆膜、滴灌。采用地膜覆盖方式，并连续控制地温和土壤湿度，试验园区则采取先覆膜后种植，对酸枣仁实现就地催芽，实现干播湿出的建园模式。

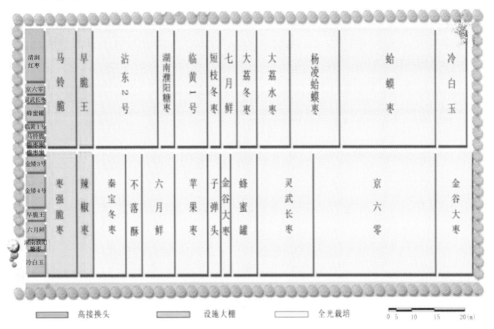

图4-3　沙地红枣精品园良种红枣布设及种植措施布局图

（五）技术措施方案

1. 种苗建设技术措施

项目选址 项目建设区选择在交通便利、区位优势明显、灌溉条件方便的陕西省治沙研究所红枣试验基地。位于陕西榆林市机场高速5 km处北侧，原地址2008年申请成为陕西省红枣苗木繁育基地，基地内土壤为沙质土壤，地表植被为沙区灌木林地。

整地 经陕西省红枣苗木繁育基地项目实施过程中对其地貌进行土地平整、土壤已进行30 cm黄绵土拌合改良。现状为土地平整、种植方便的沙区苗圃地，立地条件较好，土壤较深厚（见图4-4）。本次建园过程中使用旋耕机对土壤进行深翻耙平、清除杂草。共整理出地表平整，土质均匀、通透性强的苗圃地10 hm²。红枣栽植按株行距2 m×3 m的标准，树坑规格为40 cm×40 cm×40 cm的大坑，整坑时要求沿着等高线规划，坑与坑成"品字形"排列，亩整坑110穴，同时做到"生土做埂，熟土回填"。

图4-4 沙地红枣高垄种植及节水滴灌布设示范

配置模式　选择经济效益可观、社会效益明显、适宜本地生长、优良适应性强、抗逆性强的优良矮化红枣品种：即灵武长枣、秦宝冬枣、金昌一号、金沙脆枣、传统的清涧红枣为主的五个品种，在规范化示范区 10 hm² 苗圃地上进行定植搭配。与种苗繁育圃同强度管护。

栽植标准　每穴内植树一株，上足底肥、浇足底水，栽后要用地膜对整个穴面进行覆盖。栽植时要求随起苗随栽植，起苗不伤根，运苗不干根，栽植不窝根，采用"三埋两踩一提苗"的栽植法，选用苗木时要求"五不栽"，即弱苗不栽、病虫苗不栽、无顶芽苗不栽、损伤苗不栽、干根苗不栽。植苗后第一年冬天要采取防冻措施，整体埋条或套袋缠裹。

栽植密度　初次定植株行距为 1 m×2 m，每亩栽 333 株苗木。经过 2 个生长季，第三年时隔株取苗移栽，使之间距变为 2 m×2 m，六年以后，随着红枣的植株长大，最终定植为 4 m×2 m，随之也就改变了原有栽植行向，变为南北方向。有利于采光和结实。

苗木规格　清涧传统红枣苗高 0.8 m 以上，地径 3 cm 以上，生长健壮、根系完整、无病虫害症状。灵武长枣、秦宝冬枣、金沙脆枣和金昌一号四个品种苗木选择为 2 年生嫁接苗，定植初期拟设定为矮化密植型苗圃。

栽植技术　栽前裸根苗根系要在加入生根粉的水里浸泡，苗木搬运要包装，随栽随取。具体操作是：沙地嫁接小苗木定植时先在定植穴处将沙清除 50 cm×50 cm，然后挖 40 cm×40 cm×30 cm 栽植穴取苗；苗木随起随用，尽量当天起苗当天用完，或连夜拉运到定植点，立即放入事先准备好的蓄水池内，浸泡根系，定植当天用篷布覆盖保湿拉运，随栽随取；植入苗木时，严格按照"一提、两踩、三埋土"的栽植技术进行，使根系舒展；栽后立即灌定根水，每穴 50 kg；水渗完后，整平树盘，覆砂、覆膜。

在沙地种植，尽量建议用滴灌节水设施，沙土孔隙度大，易漏水漏肥，需水量过大。试验园区建设过程中采取少量多次渗灌，保持土壤较为干燥但不失水。

灌溉：栽后视土壤墒情状况，采用滴灌节水灌溉，使土壤含水量保持在 12% 左右，要求前期土壤含水量高，后期土壤含水量低。

整形修剪：新枣头生长到 8～15 cm 时，按照疏层形树形要求保留新枣头，抹除多余的芽。新枣头保留 2～3 个二次枝摘心，第一个二次枝应向树冠外侧生长，角度 70°～80°。7 月中旬对二次枝全部摘心，并清除后期萌发的新枣头。

幼林抚育：每隔 1 年于秋季落叶至封冻前，结合扩穴，在树冠两侧外缘开挖条状沟或放射状沟，施入适量有机肥；树形以"主干疏层形"为主，合理整形修剪；秋季清理树盘及田间瓜秧，冬季做好兔害防治工作。

2. 直播建园技术

精量播种　砧木选用酸枣，酸枣具有抗逆性强、适应性广、嫁接亲合力高等特点。

播种前的准备。播种前每亩土壤施有机肥 3 000 kg、二铵 10～15 kg、钾肥 5～10 kg，将肥料深施于土壤中，深翻土壤后进行整地、浇水，每亩土壤使用氟乐灵 80～100 g 进行处理，然后进行耙地、整地呈待播状态。

将酸枣仁精选，剔除破损、干瘪种仁，要求种仁饱满、匀称、整齐。进行精量播种，覆膜、滴灌。地块较小及不具备此条件的可用条播机或人工点播。采用地膜覆盖方式，机械播种，播种深度 3～4 cm，每穴下种量 2～3 粒。也可以人工点播，之后铺膜。试验园区则采取先铺膜后种植，采用干播湿出法建园。

播后管理　灌溉：播后视墒情及时滴灌，确保出苗整齐。

人工放苗：此项工作应在早、晚进行，避免中午高温时期进行。

定苗：出苗后应进行定苗工作，每穴留一株，多余的苗木在幼苗期拔除，如果有缺株现象，可留双株。

补种：对缺行断垄处进行补种，补种用的种子需进行水浸种催芽处理。

田间管理：酸枣幼苗生长到 10 cm 左右时，推行"一水一肥"（肥料以尿素为主）的技术措施，667 m² 施肥量 8～10 kg，每次浇水后进行人工松土除草工作，保持田间清洁无杂草。

幼苗处理：幼苗高度达 50～60 cm 时进行人工摘心，或者幼苗生长到 30 cm 左右时，使用多效唑、矮壮素、缩节胺等植物生长调节剂控制幼苗的高度，促使其加粗生长（根据气候、生长情况适当调整），促其老化，以顺利越冬。

（六）配套工程设计

1. 田园道路

为方便红枣在整个生长季都能得到良好的管护措施。设计园区道路为
3.5 m 宽，沿园区种植区外围环绕一周。并在道路外围建设两条具有景观效果
和防风效果的防护林带，设置 1.2 m 宽的射干花草景观带，外围栽植 3.5 m
高的樟子松防护林带。

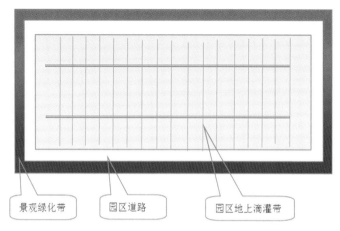

图 4-5　地上滴灌系统及道路、景观带布局图

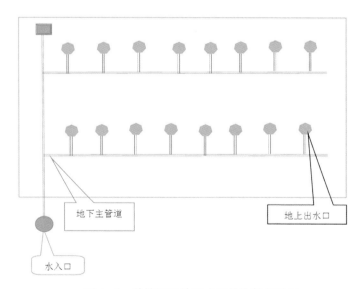

图 4-6　种植园区地下水系统布控示意图

2. 节水灌溉系统

本园区采用滴灌节水系统，为了更好地控水、控肥，科学应对红枣各个生长期的营养供给，水、肥的数量均通过滴灌系统精确控制。

地下主水管道安装，防止供水管道冬季被冻坏，主送水管道在地下埋深达 1.8～2.0 m，在园区设置多个竖管出水口。示意图如图 4-6 所示。

3. 简介碑

精品园道路入口路处设立 1 座简介牌，红枣不同品种标识牌 20 块。

（七）实施进度计划

项目实施进度计划为三个阶段：

2016 年 3 月—2016 年 6 月，项目建设准备阶段，主要包括调研立项、编制可研报告及上报审批，落实配套资金、选择建园土地，项目作业设计及审批，技术培训及劳动力准备等工作内容。

2016 年 7 月—2017 年 10 月，项目实施阶段，主要工作内容为土地整理、基肥施撒和红枣苗木的种植，节水灌溉设施的安装，修建简易道路、设立宣传标志，中耕除草，补植苗木等。

2017 年 11 月—2017 年 12 月，项目检查验收阶段，陕西省治沙研究所组织技术人员按照设计要求，对项目建设进行自查。在该项目的实施过程中，应在保证项目进度的前提下，统一协调，做好衔接工作。

第二节　投资来源与保障措施

一、投资来源及概算

（一）投资来源

项目拟建设总投资 200.00 万元，其中，财政投资资金 180.00 万元，占总投资的 90.00%；单位自筹资金 20.00 万元，占总投资的 10.00%。

（二）资金使用依据

根据《陕西省林业厅陕西省财政厅关于下达 2016 年核桃红枣经济林建设资金项目计划的通知》（陕林计发【2016】143 号）。

《全国特色经济林产业发展规划（2013—2020）》。

《陕西省林业发展"十三五"规划》。

《2016 年核桃、红枣精品示范园建设指南》。

国家林业局《林场、苗圃总体设计概预算编算办法》。

《陕西省建筑安装工程综合概算定额（1999）》，《工程建设其他费用定额》。

陕西省发展计划委员会《陕西省地方工业与民用建设项目投资估算指标》。

《陕西省水利水电建筑工程预算定额》。

陕西省建设厅陕建发（2004）45 号《陕西省建设工程量消单计价规则》。

其他相关预算定额和当地有关经济技术指标。

有关机械、设备的现行市场价格。

（三）投资预算经费及主要投资指标概算（计划）

1.示范林建设费

示范林建设费共计 200.00 万元。其中：

优良品种区造林费 36.00 万元（60 亩，0.5 万元／亩）；

直播建团优良品种栽培示范区建设费 45.00 万元（90 亩，0.5 万元／亩）；

大棚繁育圃建设费 75.00 万元（50 亩，1.5 万元／亩），

灌溉设施费用 18.0 万元（150 亩，0.12 万元／亩）。

2.建筑安装费

建筑安装费共计 17.00 万元。

其中：

综合管理用房：12.00 万元；

附属工程：5.00 万元。

附属工程其中：

供暖工程：2.00 万元／套；

供电工程：3 万元；

3. 宣传牌和标志牌制作费

宣传牌和标志牌制作费共计1.5万元。其中：

标志牌：7 000元 / 座；

宣传牌：8 000元（2 000元 / 块）。

4. 购置费

购置费共计7.50万元。其中：

生产机具：11 000元 / 套，（3套，3.3万元）

病虫害防治：2 500元 / 套（4套，1.0万元）

办公设备：8 000/ 套，（4套，3.2万元）

（四）资金使用情况

项目建设资金由陕西省治沙研究所负责筹措和使用。财政资金使用范围：包括种苗、物料、标志碑、宣传牌、部分灌溉工程、道路建设、生产工具（器）、病虫害防治设备购置以及其他费用、基本预备费等。单位自筹资金使用范围：用于园区修路等辅助设施、整地、栽植、抚育管理、施肥、部分灌溉工程等项目。其他费用用于科技培训、监理、招标、项目管理等工作。

财务管理要遵循国家有关法律、法规及有关财务管理制度，真实、全面、及时地反映项目建设业务活动中资金流动情况。

1. 设立项目建设资金专用账户，对项目资金实行统一管理，统一使用；单独记账，单独核算；确保专款专用，坚决杜绝占用、截留和挪用项目建设资金的现象发生，确保资金使用效果。

2. 要加强资金的安全有效运行，强化检查、监督。项目财务不但接受同级有关计划财务、审计部门的检查、监督和审计，还要接受上级有关部门不定期的检查。

二、保障措施

（一）组织保障

为了保证项目的顺利实施，并达到预期效果，须成立项目领导小组，领导小组组长由项目主持单位负责人担任。项目领导小组具体负责项目的组织协调，解决项目实施过程各个环节中存在的关键性问题。在项目实施中，要切实规范项目资金管理，强化检查监督，把项目实施工作落到实处。要认真组织实施，集中人力、物力、财力，多方协作，合力攻坚，共创精品。

（二）技术保障

为保证项目的顺利实施，本项目实行主持人负责制。项目主持人负责制订项目年度计划和实施方案中年度任务的落实。技术人员实行定任务、定标准，从规划到整地、栽植，实施全程技术指导。加大红枣经济林产业科技攻关力度，抓住制约该产业发展中的技术难点、关键技术、如丰产栽培、病虫害和霜冻危害、加工、保鲜等，组织科研技术骨干和高等院校合作进行科技攻关。加强优良品种选育，因地制宜加大早熟、优质、丰产、高效优良品种的引进和应用推广、信息交流、应变市场、抗风险能力。还要做好项目的具体实施工作，主要是布设对照区，做好调查和观测记载，收集整理各类项目资料（包括技术资料、财务资料等），按时上报年度总结报告和资金使用情况等。

（三）资金保障

项目建设单位要在财政、审计、林业部门的严格监督下，专账管理，杜绝挪用，确保资金专款专用。

（四）环保保障

该项目工程在建设中，严格遵守国家和地方环境保护的有关规定，最大限度降低噪音，尽可能减少施工期间扬尘污染，妥善收集和处理好项目建设中产生的垃圾，不破坏植被和树木，维护当地的生态平衡，做到文明施工，安全生产。

第三节　枣树主要病虫害及其防治

危害枣树的病虫害种类很多，有些病虫害甚至能使枣园绝产。因此，防治病虫害是枣园管理中的一项重要工作。病虫害防治，要掌握发生规律，了解病虫的生活史，寻找其生存的薄弱环节，贯彻"防重于治"的原则，合理应用农业、生物、化学、物理机械的防治手段。

一、农业、生物、化学、物理机械的防治手段：

（一）农业防治

农业措施既能控制病虫害的发生，又能保证红枣树正常的生长，达到高产、优质和无公害的目的。农业防治是最古老、延续至今仍在采用的有效防治病虫害办法，主要有：

1. 选用壮苗木，确定合理的栽培密度

种植时，要选用生长健壮、根系发达、无病虫危害的优质苗木，并合理确定栽植密度，以保证枣树的健康生长。栽植过密易造成树冠郁闭，光照不足，枝条纤细，抗病能力降低，为多种病虫害的发生创造条件；栽植过稀则对光能和土地利用不够经济。

2. 增施有机肥，提高树体营养水平

增施有机肥的目的是增强土壤有机质的含量，改善土壤透气性和土壤结构，以利于枣树根系的生长，增强树势，提高树体抗病虫的能力。

3. 合理追肥，及时补充微量元素

追肥时注意氮、磷、钾及微肥的合理配比。追肥一般全年进行 3 次，分别在萌芽期、开花坐果期和果实膨大期进行。叶面施肥见效快，效果明显。从开始发芽至采收期前一个月，每隔 2 个月可施叶面肥一次，也可结合喷农药进行。叶面喷肥要根据树体的营养状况合理选择肥料种类，如花期喷尿素、硼砂，可提高坐果率。缺铁黄化时要及时喷 0.3% ~ 0.5% 的硫酸亚铁或 1 000 倍的瑞恩 2 号。缺钙可喷 800 倍液的稀土钙。也可利用鳞翅目成虫避磷的特性，在其产卵期喷 0.3% ~ 0.5% 的磷酸二氢钾或过磷酸钙浸出液，以减少树下土壤中的落卵量。采收后可喷 1% 的尿素，增强树体的营养贮藏，利于树体安全越冬。

4. 及时疏花疏果，科学确定树体合理负载量

枣树花量很大，正常坐果率仅为 1% 左右，过多的花会消耗养分，所以

要及时疏花。枣树留果标准一般是强壮树1个枣吊留1个果，中庸树2个枣吊留1个果，弱树3个枣吊留1个果。需及时疏果，保持强健的树势，防止过量养分消耗，造成树体衰弱，抗病虫能力下降。

5.合理浇水、排水

过于旱、涝对枣树的生长有一定的影响。

在生产中要根据实际情况及时的浇水、排水，尤其是雨季及时排水，控制病原菌的侵染。

6.深翻枣园，灌封冻水

在封冻前对全园进行1次深翻，然后浇1次水，消灭害虫越冬蛹，减少害虫的越冬基数。

7.树干绑草把，诱杀越冬害虫

秋季（9月份）树干绑草把，诱集害虫在其越冬，在枣树落叶后、封冻前取下草把带出园外烧毁，以消灭草把中的害虫。

8.刮树干粗皮，清除枣园病枝落叶

降低越冬病虫基数在秋季枣树落叶后至翌春枣树发芽前，刮除主干、主枝上的粗皮，带出园外集中烧毁，以杀死在其上越冬的病虫。刮老树皮时要注意见红（即外露木栓层）而不露白（不能见到韧皮部）；刮皮后用石灰、食盐和水按1∶0.5∶100的比例配制的石灰水涂抹，具有杀菌防寒的作用。

秋季落叶后，及时清扫枣园中的落叶、杂草和病果，连同冬季剪除的病虫枝、老树皮一起带出园外烧毁，以减少越冬病虫的数量。

9.树盘覆膜，绑塑料膜带，阻虫上树

早春在树盘覆盖1.0 m×0.8 m的薄膜，阻止土壤中越冬的害虫如枣瘿纹、桃小食心虫出土。在树干距地面30 cm处绑10 cm宽的塑料膜带，要求塑料膜与树干贴紧，阻止枣瘿纹等害虫上树产卵。

（二）人工防治

人工防治是最古老、延续至今仍在采用的有效病虫害防治办法。包括人工捕捉、刮树皮、摘除病虫枝及病虫果、创树盘、清扫果园枯枝落叶、树干绑缚草绳诱虫、绑塑料裙阻止害虫上树等措施，多数情况下用于越冬时各虫态的清除，以降低病虫害发生基数。如果工作做得细致周到，可起到事半功

倍的效果。加强枣园管理，合理修剪，增强树势，雨季及时排水，防止果园过湿。晚秋要彻底清除落叶，并集中烧毁。这些具体工作往往在冬春闲季，可充分利用人力资源加强病虫害防治，且利于树体和环境保护，该项措施已成为无公害栽培的首选内容。生产上应用较多的农业栽培措施包括：通过合理的平衡施肥壮树抗病；合理修剪保证树体有良好的通风透光条件，防止病虫害发生；人工或化学除草与生草，改变果园生态，减少病虫害寄生场所，杜绝害虫转主为害；合理间作农作物种类，禁止混栽，避免害虫交叉为害等。

（三）生物防治

生物防治不污染环境，不破坏生态平衡，能有效地控制害虫的种群，且具有作用持久，对人、畜安全，有害生物不产生抗性等优点。生物防治应做好以下几方面的工作：

1. 注意保护自然天敌

枣园里病虫的天敌种类非常丰富，捕食性的昆虫有瓢虫类、螳螂、蜻蜓、草蛉类、步甲、捕食螨、捕食性蝽类、食蚜蝇、寄生蜂类、蜘蛛类等，还有多种动物如啄木鸟、大杜鹃、大山雀、伯劳、画眉等鸟类以及青蛙、蟾蜍等，都能捕食叶蝉、椿象、木虱、吉丁虫、天牛、金龟子、蛾类幼虫、叶蜂、象鼻虫等多种害虫。还有些病原微生物如白僵菌、苏云金杆菌、刺蛾颗粒体病毒、枣尺蠖核型多角体病毒等，可使枣树害虫患病而降低其种群数量和为害程度。因此在使用化学药剂防治病虫害时，要严禁使用高毒、高残留农药，应选择对害虫高效、无污染的低毒、低残留药剂，尽力保护天敌；要尽量协调好化学防治与生物防治的关系，要在害虫的薄弱环节（如卵期、低龄幼虫期）、天敌的强势时期（蛹期、成虫迁飞期）用药，既做到有效地消灭害虫，又最大限度地保护天敌。要合理地间作套种，招引和繁殖天敌，为天敌补充食料和寄主，增加天敌种类和数量。

2. 引进或人工繁殖、释放天敌

这样可以改变枣园生态环境中的害虫与天敌的比例，改变生物群落，压低病虫害数量。目前已成功地繁殖、释放赤眼蜂以控制枣镰翅小卷蛾的为害，效果良好。在枣树上引进瓢虫防治介壳虫也较成功。

3.利用昆虫信息素测报和诱杀雄性成虫

利用昆虫性诱激素，是生物防治的又一条途径，用于虫情测报灵敏简便，用于害虫的诱杀和迷向防治经济有效。此外还有昆虫脱皮激素、保幼激素以及不育剂等的应用也都在害虫防治中逐步展开。

4.人工培养与使用抗生素

人工培育的拮抗微生物直接施入土壤或喷洒在植物表面，可以改变根际、叶围或其他部位的微生物群落组成，建立拮抗微生物的优势，从而控制病原菌的繁育，达到防治病害的目的。如：保得土壤生物菌接种剂、5406抗生菌，做成抗生菌肥料施入土壤，可以达到促进防病和增产的双重效果。土壤中促成木霉菌、放线菌的优势，可有效地防治白绢病等根部病害。土壤中多施农家肥，会促进多种抗生菌的增殖，从而大大减轻根腐病的为害。叶面喷洒白僵菌、苏云金杆菌、多角体病毒，可有效地防治多种鳞翅目害虫的幼虫，且不污染环境是确保枣树产品无公害的重要措施。病害可以利用各种农用抗生素来控制。例如，细菌性病害缩果病可选用农用链霉素 $100 \sim 140$ μL/mL 进行喷雾；真菌性病害可用选用120抗生素600倍液防治；螨类可选用阿维菌类如虫螨克1 500倍液防治；食心叶虫可利用苏云金芽孢杆菌制剂200倍液防治；蚜虫、红蜘蛛、介壳虫、枣尺蠖、棉铃虫可利用草岭等天敌防控，也可在鳞翅目害虫产卵期释放赤眼蜂来控制。在枣园中注意保护天敌如蚂蚁、青蛙及一些有益的鸟类，并可在枣园中种植一些天敌喜欢在其上栖息的作物，为天敌生存创造条件。

（四）化学防治

化学防治是目前最有效的病虫害控制手段。要在病虫害预测预报的基础上进行，采用化学防治是在非药物防治难以控制，大范围内需要快速扑灭发生较严重的病虫危害并对生产构成重大威胁的情况下，不得已而采取的措施。化学防治要注意保护天敌，减少环境污染的原则，要遵守农药使用规则，严格执行国家标准，农药在果品中的残留量不得超过标准。

（五）物理防治

1. 捕杀法

捕杀法在枣树的整个生育期中均可进行。在枣园中害虫（如天牛、枣尺蠖、枣黏虫等）发生危害时进行人工捕捉，也可在黄斑蜻等害虫产卵期及时进行除卵。

2. 诱杀法

一是灯光诱杀。可在鳞翅目、双翅目等害虫发生期，在枣园中挂灯，灯下放一水盆，装入 0.3% 的洗衣粉溶液。二是用黄板诱蚜，诱粉虱。利用蚜虫、粉虱对黄色有趋向性，选一长方形木板，四周用方棍固定，长板左右各加一根支柱，木板板面涂黄色广告漆，在木板外包两层塑料薄膜，膜外涂机油或凡士林，插入枣园即可。也可将涂上机油的黄色纸条挂在树枝上。三是糖醋液诱杀。将糖醋液（红糖 250 g、醋 50 g、水 5 kg）置于废旧罐头瓶中，悬挂于树上，诱杀鳞翅目害虫。四是性诱剂诱杀。

可在桃小食心虫等害虫发生期使用性诱剂诱杀成虫。使用方法可根据枣园面积大小采用 5 点或 3 点对角线布法，两点相距 15 ~ 20 m，选用搪瓷碗或陶瓷碗，用铁丝或尼龙绳套住碗，碗内放清水，并加少许洗衣液，用一小段铁丝穿入诱芯，放入碗内距水面 1 cm 处；挂碗距地面 1.5 m，经常保持碗内水面距需用中心 1 cm，5 月上旬可将性诱剂挂在枣园内，每天观察记录诱虫情况，每亩每次 2 ~ 3 粒诱芯，30 天后更换。

二、枣树主要虫害及其防治

枣树病虫害种类多，分布广，危害重，是造成枣树产量低，质量差的重要原因，当前严重发生的病虫害，主要有：枣步曲、枣黏虫，桃小食心虫、食芽象甲、枣疯病、枣锈病等。防治时要坚持贯彻预防为主的无公害综合防治措施。以达到有效地控制病虫害的发生与危害。

（一）枣步曲

枣步曲（*Sucra jujuba* Chu）又名枣尺蠖，弓腰虫，是危害枣树的"头号敌人"。以幼虫危害幼芽、幼叶、花蕾，并且吐丝缠绕，阻碍树叶伸展，严重时可将树叶全部吃光，同时还大量危害苹果、梨、桃及上豆、辣椒等农作物。枣步曲3月中旬开始羽化出土，枣芽萌动时，幼虫开始孵化危害枣芽。其主要的生物学特性是：

（1）每年一代，以蛹集中在枣树根颈周围的表层土壤中越冬；

（2）成虫雌雄异型，无翅雌蛾爬行上树和有翅雄蛾交配，成块产卵于粗翘树皮下；

（3）老龄幼虫食量大，抗药性极强；

（4）无翅雌蛾通不过光滑物，幼龄幼虫虽能通过光滑物，但易被黏着物黏住。根据枣步曲的生长史，可采取（李连昌教授设置的）五道防线防治。具体做法是：一绑、二堆、三挖、四撒、五涂。3月15日到20日完成前三道防线。

五道防线：即在树干基部周围一尺范围的地面上采用一绑、二堆、三挖、四撒、五涂等五项防治措施。一绑：在紧贴树干基部距地面5～10 cm处绑一条8～10 cm的塑料布，接口用塑料胶黏合或用小鞋钉钉紧，使雌蛾不能上树；二堆：在塑料袋下，堆筑圆锥形土堆，土堆表面要拍实，光滑，上缘要埋住塑料布1.5 cm，使塑料布更加牢固，无缝可入；三挖：在土堆周围挖宽深各10 cm的小沟，沟壁直而光滑，使爬不上的雌蛾集中跌落在沟里；以上三道防线要求在惊蛰前完成。

成虫出土后再进行第四、五道防线，即四撒：春分成虫出土后，在小沟内和土堆上撒施10%辛拌磷粉或2.5%的敌百虫粉或3%的1605或35%的甲基硫环磷毒土（药土比例为1∶10），以杀死小沟内和土堆上的雌蛾；五涂：少数产在土块石块缝隙下的卵粒，约于枣芽萌动期开始孵化上树危害，在幼虫上树前，要在塑料布上缘1.5 cm处涂一圈黏杀幼虫的药膏（药膏用黄油10份，机油5份，50%的1605或其他有触杀作用的有机磷1份混匀制成），药效可维持40～50天。

未能及时用五道防线防治枣步曲的枣区，可在枣树发芽展叶、大部分幼虫进入二龄时用农药喷洒，毒杀幼虫。常用药剂有：75%辛硫磷1 000倍液、50%马拉硫磷1 000倍液，对老龄幼虫，用25%溴氰菊酯1.5万～2万倍液或20%速杀酊液。

（二）枣黏虫

枣黏虫（*Ancylis Sativa* Liu）又叫枣镰翅小卷蛾、枣小芽蛾，是以幼虫吐丝缠缀枣芽、叶、花和果实进行为害的一种小型鳞翅目害虫。一年发生三代，以蛹在枣树主干、主枝基部的粗皮裂缝树洞中及根际表土内越冬。第一代幼虫主要为害枣芽，第二代幼虫主要为害枣花蕾和幼果，第三代幼虫主要为害枣叶和着色枣果。成虫白天潜伏在枣树叶背或树下作物杂草中，黎明和傍晚活动，雌雄性引诱能力极强，对黑光灯趋性强，但趋化性差。因此采用无公害的性诱剂进行测报和防治、效果极佳。根据以上生物学特性，可采用以下综合防治措施，定能控制为害。

（1）冬季或早春彻底刮树皮并用黄泥堵树洞，可消灭越冬蛹80%以上，基本控制一、二代幼虫的危害。

（2）开展大面积性诱防治：利用人工合成的枣黏虫性诱剂，于第二和三代枣黏虫成虫发生期，一亩挂一个性诱盆，可消灭大量雄蛾。使雌蛾得不到交配，不能繁殖后代，能有效地控制其发生量。

（3）利用赤眼蜂或微生物农药防治：在枣黏虫第二、三代落卵盛期每株枣树释放赤眼蜂3 000～5 000头，卵寄生蜂可达75%左右，幼虫发生期树冠喷施青虫菌，杀螟杆菌等微生物农药200倍液，防治效果达70%～90%。

（4）化学农药防治：必要时，即虫口密度特别大的情况下，可在枣树芽长3 cm和5～8 cm时，往树上各喷一次80%敌敌畏800～1 000倍液或75%辛硫磷2 000倍液或者2.5%溴氰菊酯4 000倍液或25%的杀虫星1 000倍液等，可有效控制为害。

（5）秋季于8月中下旬在树干或主枝基部进行束草诱杀，冬季或早春取下束草和贴在树皮上的越冬蛹，集中烧毁处理。

（三）枣桃小食心虫

枣桃小食心虫（*Carposina niponensis* Walsingham）又名桃蛀果蛾、枣蛆等，为世界性害虫。以枣、苹果、梨、山楂等果树受害最重。该虫一年发生1～2代，以老熟幼虫在树干附近土中吐丝做扁圆形茧（冬茧）越冬。

翌年 6 月气温上升到 20℃左右，土壤含水量达 10% 左右时，越冬幼虫开始出土，在土块、石块、草根下叶丝做纺锤形茧（夏茧）化蛹，每次雨后形成出土高峰。成虫无趋光性、趋化性、但趋异性较强，因此，利用桃小食心虫性诱剂诱蛾效果好。成虫多将卵产在枣叶背面和果实上，第一、二代幼虫分别在 7 月份和 8～9 月份大量蛀果为害。根据以上生物学特性，在做好虫情测报的前提下，应采取以下综合防治技术。

1. 7 月下旬开始，每 3～4 天拣 1 次地上落虫果和摘除树上虫果，以消灭果内幼虫。

2. 5 月份幼虫出土前树干周围覆盖地膜，抑制幼虫出土，兼有保墒效应。

3. 秋末冬初翻树盘，利用寒冬冻死部分越冬幼虫。

4. 利用桃小性诱剂诱杀成虫，从 6 月份开始，每亩挂 1 个诱捕器。

5. 药剂防治：根据性诱剂测报，适时喷药。诱到第 1 只雄蛾时为越冬幼虫出土盛期，可进行地面防治，树冠下喷 50% 辛硫磷乳油 200 倍液，喷后轻轻耙糖。诱蛾高峰 17 天左右，为树上喷药最佳时期，一般在 7 月中旬至 8 月上旬，可喷 2.5% 溴氰菊酯 3 000 倍液，或桃小灵 1 000～1 500 倍液。应用 25% 灭幼脲 3 号悬浮剂 1 000 倍液，在枣食心虫发生危害期，每隔半月喷药 1 次，适时用药防治效果好。

（四）红蜘蛛

红蜘蛛（*Tetranychus cinnbarinus*）属蜱螨目，叶螨科，又名棉红蜘蛛，俗称大蜘蛛、大龙、砂龙等。以成螨或若螨危害叶片、花蕾、花、果实，多集中在叶背面主脉两侧刺吸汁液危害，叶片被害后出现淡黄色斑点，有一层丝网黏满尘土，叶片渐变焦枯，导致落花、落果、落叶，严重影响枣的品质和产量。

1. 形态特点

成螨雌螨体长 0.5 mm，卵圆形，背部前方隆起，有 26 根刚毛纵横排列，冬型螨体小，朱红色，有光泽；夏型螨体大，深红色，背部有黑色斑纹。雄螨体长 0.40～0.45 mm，纺锤形，末端尖，初蜕皮时浅黄色，取食后为橙黄色，体背两侧有暗绿色斑纹 2 条。卵圆球形，橙红色或淡黄色。

幼螨刚孵化出为圆形，黄白色，取食后卵圆形，淡绿色。若螨有前、后期之分，前期体小，背具刚毛，初现绿色斑点；后期螨体增大，有雌雄之分，体淡绿色，背部黑斑明显。

2. 生活习性

一年发生 8～9 代，以受精的雌虫在树皮缝内或根际处土壤中越冬，翌春天暖时开始活动并产卵，6 月中旬是危害盛期，多以成螨、若螨群集危害叶，影响花芽分化，缩短花期，叶片变黄褐色，坐果率低，进而叶片枯落。7～8 月份天气干旱时螨易成灾，阴雨天对成螨的繁殖不利，9～10 月份转枝越冬。

3. 防治方法

休眠期刮树皮结合冬季管理，休眠期刮树皮并集中烧掉，能有效降低越冬螨数量。

化学防治发芽前喷 5° Be 的石硫合剂；萌芽时喷 0.5° Be 的石硫合剂。5 月份以后根据虫情测报。当叶平均螨量 0.5 头以上时，喷 40% 扫螨剂 2 000 倍液或 73% 克螨特 1 000 倍液，即可控制危害。

三、枣树主要侵染性病害及其防治

（一）枣果锈病

枣果锈病是一种真菌性病害，枣果锈病各枣区均有发生。

叶片，在叶片背面散生或聚生凸起的黄色小疱（见图 4-7）。表皮破裂出现黄色孢子粉时，叶片开始退绿脱落。落叶先由树冠下部开始，逐渐向上蔓延，严重时叶片全部落光，只剩下未成熟的枣果挂在 1 次枝的枣吊上。

枣果，当果皮表面受到外界摩擦或刺伤时，木栓层代替了表皮起保护作用，所以果面出现一层锈斑，影响外观。随着病原的侵染枣果开始失水皱缩，出现大量落果造成大面积减产或绝收。

农业防治：加强枣园的栽培管理，增强树势。春季土壤

图 4-7　枣锈病叶症状

干旱时及时灌水。

药剂防治：及时防治枣瘿螨。落花后 10 天喷 40% 多菌灵胶悬剂 600 倍液或其他杀菌剂。

（二）花叶病

在河南、安徽枣区均有分布。苗木和大树的嫩梢叶片受害明显，影响枣树的生长和枣的产量。

主要为叶片变小、扭曲、畸形，在叶片上呈现深浅相间的花叶状。

防治：增强树势，提高抗病能力。及时治虫可防止病毒传播。

（三）灰斑病

灰斑病是一种叶点霉菌 *Phyllosticta* sp.，属半知菌亚门真菌。

主要为害叶片，病斑暗褐色，圆形或近圆形，后期中央变为灰白色，边缘褐色，其中散生黑色小点（见图 4-8），即为病原的分生孢子器。

农业防治：秋季清扫落叶，集中烧毁或掩埋，以减少发病来源。

药剂防治：喷施 50% 退菌特可湿性粉剂 600 ~ 800 倍液，或 50% 多菌灵可湿性粉剂 800 倍液。

图 4-8　灰斑病叶症状

（四）枣树腐烂病

枣树腐烂病是一种真菌性病害，又称枝枯病，病原为壳囊孢菌（*Cytospora* sp.）。是枣树的重要病害，主要为害 1 ~ 3 年枣树，造成新栽幼树大量死亡。枣树受害后，树势衰弱，生长缓慢，结果晚，产量低。

病枝皮层变红褐色，发病处呈水浸状，斑块形状不规则，当病斑绕茎一周后，造成病部以上枝干死亡。枝皮裂缝处长出黑色突起小点。

防治：加强管理，多施农家肥料，增强树势。彻底剪除树上的病枝条，集中烧毁。

（五）枣缩果病

枣缩果病是一种细菌性病害，又称黑腐病、铁皮病，俗称干腰、黑腰、束腰病等。病原为噬枣欧文氏菌（*Erwinia jujubovra* Wang Cai Feng et gao），是枣果主要病害。各地均有分布，发生日趋严重，病果率 10%～50%，严重年份达 90% 以上，甚至绝收。病果失去食用价值。枣果在白熟期开始出现症状。初期在果实中部至肩部出现水浸状黄褐色不规则病斑，果面病斑提前出现红色，无光泽；病斑不断扩大，向果肉深处发展。果肉病斑区出现由外向内的褐色斑，组织

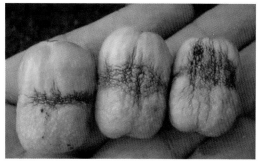

图 4-9 红枣缩叶病症状

脱水、坏死，黄褐色果肉有苦味，病斑外果皮收缩；后期外果皮呈暗红色，整果无光泽，果肉由淡绿色转赤黄色，果实大量脱水，一侧出现纵向收缩纹，果柄也变为褐色或黑褐色（见图 4-9）。比健果提早脱落。果实瘦小，失水皱缩萎蔫，果肉色黄，松软呈海绵状坏死，发苦。

农业防治： 在秋冬季节清理落叶、落果、落吊，早春刮树皮，集中烧毁；合理冬剪，改善通风透光条件，防止冠内郁闭。

药剂防治： 花期和幼果期喷洒 0.3% 硼砂或硼酸。萌芽前喷波美 3～5°Be 石硫合剂。7月下旬至8月上旬喷农用链霉素 100～140 单位/毫升，或 50% 琥胶肥酸铜(DT)可湿性粉剂 600 倍液，或 47% 加瑞农可湿性粉剂 800 倍液，或 10% 世高水分散粒剂 2 000～3 000 倍液。隔 7～10 天喷1次，连续 1～2 次。

第四节　效益评价

一、经济效益

该项目实施后，通过综合管理，进行集约经营，2年进入始果期，4年即进入盛果期，6年后每株可产红枣3 kg，每千克优种红枣10元，每株收入30元，每亩收入3 300元，150亩可收入49.50万元。

二、社会效益

沙地红枣精品园建成后，使当地林农掌握沙地矮化红枣品种的标准化种植技术，一是可以示范带动沙区农民栽植沙地优良矮化红枣品种的积极性，推动红枣在陕北、内蒙古以及更广大的沙地推广种植，促进沙区农村经济发展。二是可以加快产业结构调整的步伐，吸纳大量农村劳动力，减轻二三产业就业压力，使劳动力配置更加合理，在整体上带动地区经济的发展。三是对于榆林以能源化工产业为经济主体的地方来说，建设沙地红枣经济林精品园，就是培育沙区后续产业，沙地红枣新型产业可以带给当地农民更多实惠和更加长远的致富门路，成为扶贫开发的一个新取向，使区域经济社会仍然能够持续健康的发展。

三、生态效益

通过沙地红枣项目建设，不但有效地改善当地生态环境，减少自然灾害，还可以控制水土流失，促进项目区生态环境的良性循环，提升抵抗自然灾害的能力，为农业增产稳产发挥生态屏障作用。项目建成后，形成可持续经营的沙地红枣经济林精品园，可为全国类似地区的沙地红枣矮化品种的发展和沙化、荒漠化治理起到示范带动作用。

四、综合评价

项目区林地资源充足、权属清晰、立地条件相对较好，能够满足项目建设对土地的需要，建设红枣精品园生产潜力和发展空间大。项目区自然条件适宜、基础设施完善，发展红枣产业面临良好机遇。

项目建设技术成熟，项目建设单位全面掌握了红枣的生态学、生物学习性和种实采集、育苗繁育、田间管理、病虫害防治等方面的关键技术和核心技术。

项目建成后，正常生产情况下，精品园每年每亩可生产优质红枣 600 kg，每千克按照 10 元计算，150 亩精品园可以采收 90 000 kg 优质红枣，实现销售收入 90 万元左右。并可为当地农村剩余劳动力提供劳务输出机会。

综上所述，项目区具有建设高产、优质、高效、集约、生态、特色红枣精品园的自然生态条件、社会经济条件和技术条件，项目建设具有明显的资源优势和区域特色，具有较高的科技含量和良好的市场前景。

▶ 第五章
水肥一体化技术对沙地红枣生长效应的影响

　　水肥一体化技术是一项高效节水、节肥的现代农业技术。本章以陕西省榆林市陕西省治沙研究所 5 年生沙地矮化密植红枣为研究对象，采用水肥一体化技术，通过氮、磷、钾三因子五水平二次正交旋转组合设计和铁、锌两因子随机组合设计，研究水肥一体化技术对沙地红枣生长、产量及品质的影响，内容包括：水肥一体化技术进展现状与展望，试验材料与研究方法，水肥一体化对红枣生长、产量与品质的影响，水肥一体化条件下 Fe、Zn 肥对红枣生长及品质、产量的影响。

第一节　水肥一体化技术进展现状与展望

　　广义的水肥一体化（generalized integrated management of water and fertilizer）是指根据作物需求，对农田水分和养分进行综合调控和一体化管理，以水促肥、以肥调水，实现水肥耦合，全面提升农田水肥利用效率。狭义的水肥一体化是指灌溉施肥（fertigation），即将肥料溶解在水中，借助管道灌溉系统，灌溉与施肥同时进行，适时适量地满足作物对水分和养分的需求，实现水肥一体化管理和高效利用。

　　与传统模式相比，水肥一体化实现了水肥管理的革命性转变，即渠道输水向管道输水转变、浇地向浇庄稼转变、土壤施肥向作物施肥转变、水肥分开向水肥一体化转变。

一、水肥一体化的技术优势

相比传统地面灌溉和土施肥料，水肥一体化优势非常明显。

第一，提高水肥利用率。传统土施肥料，氮肥常因淋溶、反硝化等而损失，磷肥和中微量元素容易被土壤固定，肥料利用率只有30%左右，浪费严重的同时作物养分供应不足。在水肥一体化模式下，肥料溶解于水中通过管道以微灌的形式直接输送到作物根部，大幅减少了肥料淋失和土壤固定，磷肥利用率可提高到40%～50%，氮肥钾肥可提高到60%以上，作物养分供应更加全面高效。根据多年大面积示范结果，在玉米、小麦、马铃薯、棉花等大田作物和设施蔬菜、果园上应用水肥一体化技术可节约用水40%以上，节约肥料20%以上，大幅度提高肥料利用率。

第二，节省劳动力。在农业生产中，水肥管理需要耗费大量的人工。如在华南地区的香蕉生产中，有些产地的年施肥次数达18次。每次施肥要挖穴或开浅沟，施肥后要灌水，需要耗费大量劳动力。南方很多果园、茶园及经济作物位于丘陵山地，灌溉和施肥非常困难，采用水肥一体化技术，可以大幅度减轻劳动强度。

第三，提高土地利用率。沙地、河滩地、坡薄地、滨海盐土、盐碱土、甚至沙漠等传统种植模式难以利用的土地，只要应用水肥一体化技术解决水肥问题，就能成为高产高效的好地。以色列在南部沙漠地带广泛应用水肥一体化技术生产甜椒、番茄、花卉等，成为冬季欧洲著名的"菜篮子"和鲜花供应基地。

第四，保证养分均衡供应。传统种植注重前期忽视中后期，注重底墒水和底肥，作物中后期的灌溉和施肥操作难以进行，如小麦拔节期后，玉米大喇叭口期后，田间封行封垄基本不再进行灌水和施肥。采用水肥一体化，人员无须进入田间，即便封行封垄也可通过管道很方便地进行灌水施肥。因为水肥一体化能提供全面高效的水肥供应，尤其是能满足作物中后期对水肥的旺盛需求，非常有利于作物产量要素的形成，进而大幅提高粮食单产。近年试验示范表明，与常规相比，应用水肥一体化，冬小麦成穗率提高，每亩有效穗数由 40 万增加到 50 万，且穗大穗匀，单穗粒数增加 2～3 粒，千粒重增加 3～5 g，增产 100～150 kg/亩，增幅 15%～20%。玉米密度由每亩 4 000 株增加到 5 000 株，很少出现空秆、凸尖等现象，棒子大、长且均匀，夏玉米增产 200 kg/亩，春玉米增产 300 kg/亩，增幅 30%～50%。

第五，利于保护环境。水肥一体化条件下，设施蔬菜土壤湿润比通常为 60%～80%，降低了土壤和空气湿度，能有效减轻病虫害发生，从而减少了农药用量，降低了农药残留，提高了农产品安全性。我国目前单位面积的施肥量居世界前列，肥料的利用率较低，大量肥料没有被作物吸收利用而进入环境，特别是水体，从而造成江河湖泊的富营养化。在水肥一体化环境下，蔬菜湿润深度为 0.2～0.3 m，果树湿润深度为 0.8～1.2 m，水肥全部集中在根层，利用率高，避免了深层渗漏，从而减轻了对环境的负面影响，既生态又环保。

第六，改善土壤状况。微灌灌水均匀度可达 90% 以上，克服了畦灌可能造成的土壤板结。微灌可以保持土壤良好的水气状况，基本不破坏原有的土壤结构。由于土壤蒸发量小。保持土壤湿度的时间长，土壤微生物生长旺盛，有利于土壤养分转化。

二、面临的发展机遇

（一）转变农业发展方式

中国要以仅占世界 9% 的耕地、6% 的淡水资源生产出占世界 25% 的农产品，养活占世界 20% 的人口，水土资源约束越来越大，缺水比缺地更加严峻。农业生产水资源消耗巨大，我国每年农业灌溉用水约 3 600 亿立方米，占总用水量的 60% 左右，每年缺口达 300 亿立方米以上。同时，我国化肥年用量超过 5 800 万吨，居世界首位，利用率平均只有 30% 左右，低于发达国家 20 个百分点以上。因此，发展现代农业首先要转变农业发展方式，努力提高水肥资源利用效率，变资源消耗型农业为资源高效型农业，才能突破水肥资源约束，实现可持续发展。

（二）提高农业综合生产能力

水资源总量不足，节水农业基础设施薄弱，水资源利用效率不高，是我国农业生产，尤其是粮食生产的主要制约因素。目前，灌溉水平均水分生产效率约 1 kg/m^3，低于发达国家水平 50% 以上，相当于在水资源上浪费了一半的粮食生产能力。据近年来大面积膜下滴灌水肥一体化示范表明，在玉米、小麦、马铃薯等作物上采用膜下滴灌水肥一体化技术，水分生产效率可以提高到 2 kg/m^3 以上，粮食单产大幅提高 20%～50%，最高增产 2 倍。

（三）提升农业抗旱减灾能力

随着气候变化加剧，干旱发生频率越来越高、范围越来越广、程度越来越重。据统计，近 10 年来全国平均每年旱灾发生面积 0.27 亿公顷左右，是 20 世纪 50 年代的两倍以上，平均每年成灾面积 0.13 亿公顷，因旱损失粮食 300 亿千克以上。旱灾已经成为所有自然灾害中对粮食生产影响最大的灾种，应对干旱成为农业生产的常态。2006 年我国经历了川渝大旱，全年损失粮食 224.5 亿千克；2007 年东北地区发生夏伏旱，全年损失粮食 333.5 亿千克；2009 年华北地区春旱、东北地区夏伏旱，全年旱灾发生面积 0.29 亿公顷，损失粮食 333 亿千克。2011 年春季，我国冬小麦主产区 8 个省发生干旱，全年旱灾发生面积 0.16 亿公顷。2013 年，西南西北春旱、夏季南方罕见高温干旱，全年旱灾发生面积 0.14 亿公顷。干旱发生的频率在增加，对农业生产的影响在加重。大力发展水肥一体化，用现代节水灌溉设备装备农业，以现有的农业灌溉水量可以扩大灌溉面积 0.2 亿～0.27 亿公顷，有效提高农业抗旱减灾能力。

（四）发展农业标准化、信息化、规模化和集约化

中国现有 0.6 亿公顷灌溉面积，基本都是传统的渠道输水、地面灌溉模式，农田水资源的分配、灌溉操作和灌溉系统的控制都靠人工到田间劳作，不但费时费力，而且浪费严重，效率低下。在水肥一体化模式下，农田输水实现管道化，田间灌溉通过滴灌实现高效灌溉。水肥一体化模式还可以十分方便的配备土壤水分自动监测、电磁阀自动控制、远程信息传输等现代设备，

实现农田灌溉和施肥的自动控制，提高灌溉和施肥均匀性、及时性和简便性，进而促进农业生产的标准化、信息化和集约化发展。

三、国内水肥一体化发展现状

中国作为农业大国，在粮食作物、经济作物、园艺作物生产上均存在着水资源匮乏和肥料利用率不高的问题。中国人均水资源占有量仅为世界人均占有量的1/4，在全部耕地中，灌溉面积达到0.6亿公顷，但由于水资源紧缺，每年有0.07亿公顷左右得不到有效灌溉。而中国的农业灌溉水利用率也仅为50%左右。多年以来，灌溉与施肥在我国农业生产中一直占有特殊的重要地位。目前，在约占全国耕地面积50%的灌溉面积上，生产了约占总产量70%的粮食、80%的棉花和90%的蔬菜。中国是世界上最大的肥料生产国和消费国。目前，我国化肥的年消费量达5 800万吨，总量和单位面积施肥量均居世界前列，但化肥的平均利用率只有30%左右，与发达国家相比低约20个百分点。长期以来，我国氮肥的施用量一直偏高，高产地块每公顷耕地年施氮量高达300～450 kg，加上氮、磷、钾肥料种类的配比不合理，习惯大水漫灌等，造成大量的氮肥淋失，带来一系列的环境问题。

我国水肥一体化技术的研究是从1975年开始的。当时引进了墨西哥的滴灌设备，建立了3个试验点，面积5.3 hm^2，试验取得了显著的增产和节水效果。1977年，新疆农垦科学院学习以色列经验，购置部分滴灌器材，利用饮用水源，在蔬菜、瓜果等园艺作物上开展了滴灌技术的试验研究，进行了5.33 hm^{2}的试验示范，取得了显著的节水、增产、省工效果。1980年我国第一代成套滴灌设备研制生产成功。1981年后，在引进国外先进生产工艺的基础上，我国灌溉设备的规模化生产基础逐步形成，在由试验、示范逐步发展到大面积推广。

大田作物灌溉施肥最早成功的例子是新疆的棉花膜下滴灌。自1996年，新疆引进了滴灌技术，经过3年的试验研究，成功地研究开发了适合于大面积农田应用的低成本滴灌带。1998年开展了干旱区棉花膜下滴灌综合配套技术研究与示范，成功地研究了与滴灌技术相配套的施肥和栽培管理技术。利用大马力拖拉机，将开沟、施肥、播种、铺设滴灌带和覆膜一次性完成，在棉花生长过程中，通过滴灌控制系统，适时完成灌溉和追肥。

滴灌施肥技术最初主要应用于大棚蔬菜，适用于单个大棚中的施肥设施有施肥罐、文丘里施肥器等，大面积滴灌施肥则是应用加压式的泵注施肥系统，一个大中型滴灌系统可以控制 $10 \sim 50 \ hm^2$ 的面积。滴灌施肥技术在大棚蔬菜种植中应用，可以改善棚内生态环境，提高棚内温度 $2 \sim 4℃$，降低空气湿度 8.5 ～ 15 个百分点。

根据不同的地形和水质，果树作物的微灌设备有滴灌、微喷灌和小管出流 3 种模式。根据各地的试验和示范，果树滴灌施肥可以提高抗旱能力，调整树势，提高果树小年的产量，提高果品的商品率。果树作物灌溉施肥已在南方的荔枝、杧果、香蕉、柑橘上成功应用，果实产量提高 10%；在北方苹果、梨、桃、葡萄上成功应用，果实产量提高 15% 以上。

从 20 世纪 90 年代中期开始，灌溉施肥的理论及应用技术日益被重视。2002 年农业部开始组织实施旱作节水农业项目，建立水肥一体化技术核心示范区，集中开展试验示范和技术集成。2012 年，国务院印发《国家农业节水纲要（2012—2020）》，强调积极发展水肥一体化。农业部下发《关于推进农田节水工作的意见》和《全国农田节水示范活动工作方案》，将水肥一体化列为主推技术，强化技术集成和示范展示。农业部还印发了《水肥一体化技术指导意见》，提出到 2015 年，水肥一体化技术推广总面积达到 533.3 万公顷以上，实现节水 50% 以上，节肥 30%，粮食作物增产 20%，经济作物节本增收 600 元以上的目标。各级党委政府高度重视，把发展水肥一体化放在重要位置。如新疆、甘肃、内蒙古、吉林、辽宁、黑龙江等地由政府领导牵头，成立领导小组，制定规划、下发文件，整合多方资金，加大投入力度，有力地推动了水肥一体化技术的推广普及，形成了蓬勃发展的良好局面，取得了显著成效。

第一，应用规模不断扩大。2002 年以来，农业部组织实施国家旱作节水农业项目，中央财政累计投资超过 1 亿元，在全国 20 多个省（区、市）建立水肥一体化技术核心示范区 3.33 万公顷，集中开展试验示范和技术集成，覆盖 20 多种作物，有效带动了各地水肥一体化技术的推广应用。目前，该项技术已在近 30 个省（区、市）推广应用，由棉花、果树、蔬菜等经济作物扩展到小麦、玉米、马铃薯、大豆等粮食作物，每年推广应用面积

266.7 万公顷。

第二，技术模式不断创新。按照因地制宜的原则，针对作物需水规律、水资源条件和设备特点，全国农技中心组织开展技术集成，形成了系列水肥一体化技术模式。按区域划分，有干旱半干旱区膜下滴灌、丘陵山区重力滴灌水肥一体化、平原微喷水肥一体化等模式；按设备划分，有移动式微灌水肥一体化模式、全自动智能水肥一体化模式、小型简易自助式水肥一体化模式等；按设施条件分，有普通人田水肥一体化模式、温室膜面集雨水肥一体化模式等。

第三，技术产品不断完善。随着水肥一体化技术的推广应用，基础工作不断夯实，相关技术产品不断完善。研发了土壤墒情快速监测方法和仪器设备，能够迅速、快捷地掌握土壤水分状况，为农田水分精确化管理奠定了基础；通过在不同区域、不同作物上开展系列试验研究，取得了大量微灌条件下灌溉和施肥技术参数，优化了相关技术模式，编制了技术资料，为水肥一体化技术推广应用提供了科学依据；各种喷滴灌管（带）、过滤、施肥等设备产品日趋成熟，适用范围扩大，耐用性不断提高，有力地支撑了水肥一体化发展。水溶肥料研发方面取得突破，面向微灌的水溶肥料品种不断涌现，为水肥一体化技术推广应用提供了配套农资。

第四，推广机制不断优化。在多年的试验示范推广工作中，探索了水肥一体化技术系列推广机制。政府推动模式，通过政府立项投入和技术补贴推动推广应用。技术驱动模式，通过技术推广部门开展技术展示示范与培训交流驱动推广应用。企业拉动模式，通过相关企业开展设备产品经销活动，为农民提供产品服务，技物结合拉动推广应用；农民专业合作组织带动模式，以各类农民专业合作社为载体，推行组织化和规范化生产，带动技术推广应用。

第五，投入成本大幅降低。通过集中攻关相关设备，优化水肥一体化系统设计，开发微灌用水溶肥料，基本实现水肥一体化相关设施、设备和产品的国产化，大幅降低了投入成本。设施设备投入已从 2 000～3 000 元 / 亩大幅降低到 800～1 000 元 / 亩，高效水溶肥料从 2 万元 /t 降低到 1 万元 /t，水肥一体化开始由高端贵族技术向平民应用发展，从设施农业走向大田应用，从蔬菜、果树、棉花等经济作物发展到小麦、玉米、马铃薯等粮食作物。

四、推进水肥一体化发展的途径

（一）发展潜力

进入 21 世纪以来，我国农村空心化、农民老龄化、农业兼职化趋势十分明显，大力推广应用以"节本、降耗、增效"为核心的轻型农业生产技术势在必行，水肥一体化技术因其"省工、省力、省心"等诸多优点，是推行轻型农业生产的核心技术。2012 年虽然我国水肥一体化技术应用面积已超过 266.7 万公顷，但也仅占我国灌溉总面积的 4.3%，和美国 25% 的玉米、60% 马铃薯、32.8% 的果树应用现状以及以色列 90% 的应用范围相比还有相当大的差距。我国 0.11 亿公顷果园中约 18.1% 的果园有灌溉条件，完全可以发展水肥一体化。蔬菜种植面积 0.18 亿公顷，大部分有灌溉条件，也可以发展水肥一体化。另外，我国还有 0.27 亿公顷玉米、0.11 亿公顷马铃薯、0.017 亿公顷甘蔗，这些大田作物也都适宜推广水肥一体化，水肥一体化技术应用在我国具有巨大的市场潜力。

（二）主要技术模式

根据不同地区气候特点、水资源现状、农业种植方式及水肥耦合技术要求，分区域、分作物推广以下四种水肥一体化技术模式。

1.西北、东北西部玉米、马铃薯、棉花膜下滴灌水肥一体化技术模式

膜下滴灌水肥一体化技术是集地膜覆盖、微灌、施肥为一体的灌溉施肥模式。借助新型微灌系统，在灌溉的同时将肥料配对成肥液一起输送到作物根部土壤，确保水分养分均匀、准确、定时定量地供应，为作物生长创造良好的水、肥、气、热环境，具有明显的节水、节肥、增产、增效作用。可根据实际情况确定是否覆盖地膜。与常规相比，采用膜下滴灌水肥一体化技术，平均增产粮食 200 ～ 300 kg/ 亩，节水 150 m³/ 亩。

该技术适用于水资源紧缺，有一定灌溉条件且蒸发量较大的干旱半干旱地区，重点是西北和东北西部，主要优势作物为玉米、马铃薯、棉花和果蔬等。

2.华北、长江中下游小麦、玉米微喷水肥一体化技术模式

通过定期监测土壤墒情，建立灌溉指标体系，根据作物需水规律、土壤墒情和降水状况确定灌水时间、灌水周期和灌水量。在灌溉时，采用管

道输水，微喷带进行灌溉，结合水溶性肥料的应用，满足作物对水分养分的需求。试验示范表明，采用微喷水肥一体化技术，小麦、玉米平均增产10%～20%，一年两季节水 110 m³/ 亩以上。

该技术适用于水资源紧缺，有灌溉条件但地下水超采严重的半干旱、半湿润地区以及季节性干旱严重的湿润地区，主要优势作物是小麦、玉米等，适宜面积超过 0.13 亿公顷。

3. 设施农业蔬菜、水果滴灌水肥一体化技术模式

设施农业水肥一体化技术是利用机井或地表水为水源，借助滴灌进行灌溉和施肥，集微灌和施肥为一体，通过建立新型微灌系统，在灌溉的同时将肥料配兑成肥液一起输送到作物根部土壤，确保水分养分均匀、准确、定时定量供应，为作物生长创造良好的水、肥、气、热环境，具有明显的抗旱、节水、节肥、增产、增效作用。设施蔬菜水果平均节水 100 m³/ 亩，节本增收 800 元 / 亩以上。

该技术模式适用于全国范围内的设施农业应用，主要优势作物是蔬菜、瓜果和花卉等经济作物。

4. 果园滴灌、微喷灌水肥一体化技术模式

果园滴灌、微喷灌水肥一体化技术是集微灌和施肥为一体的灌溉施肥模式，每行果树沿树行布置一条灌溉支管，借助微灌系统，在灌溉的同时将肥料配兑成肥液一起输送到作物根部土壤，确保水分养分均匀、准确、定时定量地供应，为作物生长创造良好的水、肥、气、热环境，具有明显的节水、节肥、增产、增效作用。果树节水 80 ～ 100 m³/ 亩，节本增收 800 元 / 亩以上。

该技术适用于全国有水源条件的果园，主要优势作物是苹果、葡萄、香蕉、菠萝等水果。在没有水源的地区需要在配备集雨设施设备的基础上，实现滴灌、微喷灌水肥一体化。

（三）主要工作

第一，熟化关键技术产品。根据生产实际和农民需求，组织研发关键技术和配套产品。微灌用肥要水溶性好、配方科学、价格适宜；灌溉施肥制度要针对性强、简便易行；土壤墒情监测要实时自动、方便快速；微灌和施肥设备要使用方便、防堵性好。

第二，完善区域技术模式。在重点区域和重点作物上继续搞好技术集成创新，开展不同技术模式、水溶肥料、灌溉设备、监测仪器等对比试验，摸索技术参数，建立覆膜与露地结合、固定与移动互补、加压与自流配套的多种水肥一体化模式，提高针对性和实用性。

第三，强化技术示范培训。建立全方位、多层次的水肥一体化技术示范展示网络，形成国家级万亩示范片，省级千亩示范片，县乡级百亩示范片的示范展示基地。依托示范展示基地，通过技术讲座、田间学校、入户指导等形式，逐级开展培训，为大规模推广应用奠定人才基础。

第四，优化合作推广机制。协调各方力量，形成科研、推广、企业、合作组织四位一体的推广机制。加强水肥一体化技术的研发和示范推广，提供有效的科技支撑和技术指导；充分发挥农民专业合作组织的作用，推进水肥一体化技术推广的规模化和标准化；企业建立以技术服务带动产品销售的市场营销模式，为农民提供系统维护、技术咨询等增值服务。

第五，强化相关基础研究。针对水肥一体化对作物栽培、土肥水管理、病虫害防治、农业机械等方面的新要求，开展集成研究，形成以水肥一体化为核心的农业种植新模式。进一步加强土壤墒情监测，掌握土壤水分供应和作物缺水状况，科学制定灌溉制度，全面推进测墒灌溉。

第二节　试验材料与研究方法

一、试验材料

红枣，5年树龄。种植密度111株/亩（2 m×3 m）。

二、试验区概况

试验于2014年在榆林市的陕西省治沙研究所沙地红枣林进行，位于东经108°65′～110°02′，北纬37°22′～38°74′。属温带大陆性季风半干旱草原气候。年平均降雨量390 mm左右，且多集中在七、八、九三个月，年平均气温 8.6℃，年极端最高气温 38.4℃，极端最低气温零下 29℃。无霜期为 146 天左右，平均日照时数为 2 815 h。年总辐射量为每平方厘米 139.23 KJ。由于受极地大陆冷空气团控制时间较长，海洋热带暖气团影响时间较短，寒季略长于热季，多日照，少降水，多风沙，四季分明。土壤为风沙土，土壤容重 1.53 g/cm³，田间持水量为 19.22%（质量含水量）。0～60 cm 有效 Ca 含量为 814.151 4 mg/kg，有效 Mg：78.535 7 mg/kg，有效 Cu：0.122 8 mg/kg，有效 Fe：1.793 4 mg/kg，Mn：2.064 3 mg/kg，Zn：0.125 9 mg/kg。参考全国第二次土壤普查及有关标准，该试验地速效氮为六级，速效磷为五级，速效钾为四级。

三、研究内容

1. 水肥一体化对红枣生长、产量及品质的影响研究

建植于田间试验，研究以水肥耦合效应为基础的沙地红枣水肥一体化技术，探讨水肥因子对沙地红枣生长、产量和品质的影响。通过分析不同施肥定额调控下对红枣树生理生长指标和品质、产量的影响，提出陕北沙地红枣在不同降雨水平年和一定水量条件下效益最大的经济型水肥一体化制度，以期为完善该区合理培肥土壤技术、节水灌溉技术、有效指导农业生产提供依据。

2. 水肥一体化条件下铁、锌肥对红枣生长、产量及品质的影响研究

建植于田间试验，在一定的大量元素肥供给条件下，设定不同的铁、锌环境，研究铁、锌因子对红枣树生理生长及产量、品质的影响。通过分析不同的铁、锌调控下对红枣树生理生长及产量、品质的影响，确定红枣树生长及产量、品质与微量元素铁、锌肥的定量关系及协同、叠加效应。

四、试验方案设计

（一）氮、磷、钾三因子五水平二次正交旋转组合试验设计

该试验共设 15 个处理，小区面积约为 400 m²，选择滴水总量为固定值。氮肥选用尿素（N 含量 46%），磷肥选用工业磷酸（P₂O₅ 含量 85%），钾肥选用硫酸钾（K₂O 含量 50%）。萌芽—开花期滴灌施入 70% 的氮肥、

40%的磷肥、30%的钾肥，果实生长期滴灌施入30%的氮肥、60%的磷肥、70%的钾肥。

（二）铁锌随机区组试验设计

该试验设4个处理，小区面积约为120 m²。基肥为尿素（N46%），工业磷酸（P_2O_5 85%），硫酸钾（K_2O 50%），N肥量392 g/株，P肥量758 g/株，K肥量163 g/株，施肥措施与试验（一）完全相同。施用的微肥为硫酸亚铁和硫酸锌。在萌芽展叶、新梢生长、开花期叶面喷施3次，在坐果、果实膨大和果实成熟期叶施3次，时间选在无风晴天下午16：00后进行，以控制蒸发量，每次喷至全树叶片正反面雾点布满而不流失为标准，喷洒时5 kg液肥加1～1.5 g中性洗衣粉以增加液肥的黏附性。

五、水肥一体化灌溉制度设计

（一）水肥一体化灌水定额的确定

陕北地区年内降雨分配不均，枣树水分亏缺主要集中在萌芽展叶期和开花坐果期，其中开花坐果期亏缺量最大，果实生长膨大期降雨量较小时也会出现水分亏缺，果实成熟期降雨充沛，一般不会出现亏缺。考虑到陕北沙地水资源紧缺的实际以及生产成本与效益，本试验采用高效经济型非充分灌溉制度，湿润比（P）选择20%，计划润湿层深度（H）为40 cm，水分利用效率（η）为0.85，土壤容重（γ）1.53 g/cm³，θmax为设计的土壤含水量，最高为田间持水量的90%，最低为田间持水量的50%，θmin为田间持水量的40%，即田间适宜持水量下限。根据公式 m=667×H×P×γ×（$\theta max-\theta min$）×1/η 计算每亩枣树灌水量，换算为每株枣树灌水量进行试验。

从4月30日开始每隔15～20天（根据天气情况和土壤湿润程度来定）按照设计灌水量灌水（见图5-1）和施肥。由于冬季干旱，第一次灌水时土壤含水量为5%左右，低于田间持水量的40%，第一次灌至田间持水量的50%～90%。全生育期共灌溉施肥7次，灌溉定额620.73 m³/hm²，每次灌水量相同，第一次灌水73 L/株，之后每次灌水50 L/株。萌芽水（萌芽前结合施肥浇水1次）、花前水（开花前结合追肥浇水1次）、助花水（针对盛花期出现的持续高温干旱结合施肥灌水2次）、保果水（针对此时期高温干旱坐果后结合追肥浇水2次）、促果水（在果实迅速生长发育期结合施肥灌水1次）。

图5-1　春季补灌花前水

（二）滴灌施肥系统

将肥料溶解在水中，通过滴灌系统施肥，滴灌系统采用注肥泵加压，滴头采用压力补偿式滴头和可调流量滴头结合，使灌水均匀。枣树采用双滴头滴灌布置，滴头位于近地树干左右20 cm处，滴灌管管径16 mm，滴头流量为4 L/h，灌水时为防止表层加入引起的土壤板结，并减少土表蒸发，在每个滴头处插一根内径1.5 cm，长25 cm的PVC管，从管口灌水，使其从管底端渗入土壤。

六、研究方法

（一）试验地基本状况测定

于4月份施肥前对枣树地土壤0～60 cm的土层进行采样，并对土样有机质、全氮、全磷、全钾、速效氮、速效磷、速效钾的含量及 pH 进行测定。土壤有机质采用 K_2CrO_7 容量法——外加热法；土壤全氮的含量采用 $H_2SO_4-HClO_4$ 消煮，奈氏比色法测定；土壤全磷的含量采用钼锑抗比色法测定；土壤全钾的含量采用火焰光度计法测定；土壤速效氮采用碱解——扩散法；土壤速效磷采用 $NaHCO_3$ 浸提——铝锑抗比色法；速效钾采用 NH_4OAc 浸提——火焰光度计法。有效态 Fe，Mn，Cu，Zn 采用二乙基三胺五乙酸（DTPA）浸提——原子吸收分光光度计（-4530F）测定，有效态 Ca，Mg 经乙酸按溶液浸提后用原子吸收分光光度计测定。

（二）生理指标观测项目与方法

新枝增长量的测定：枣树长出新枣吊时，在枣树树冠中上部表面，选择无病虫害，生长正常的枣吊，在东、西、南、北四个方向各选一支枣吊，悬挂标签牌做上标记，每隔 15 天用钢卷尺测定其长度。

坐果率测定：在枣树不同方位选取固定的 12 枝枣吊，枣树盛花时记录开花数量，坐果期记录枣果个数，计算每个处理平均值。坐果率 = 果个数 / 开花数 ×100%。

叶片 CCI 值的测定：在每棵枣树四周随机选取四个均一的枣吊，以顶端开始数的第五片叶子为测量对象，用手持叶绿素仪（CCM-200）在叶脉两侧平均测 3 个点，平均值为结果。

图 5-2　红枣覆膜增地温监测地温计

图 5-3　动态监测土壤水分变化情况

果径测定：坐果后，环绕树冠中上部随机选择四个健康果每 7 天测定一次横径和纵径。

叶面积指数（LAI）测定：枣果成熟期，分别在枣树树冠上部和下部四个方向随机选择 50 片健康叶片，测叶面积。叶面积指数等于农田中测得的绿叶总面积与相应农田面积之比。

（三）红枣产量和品质分析

于 10 月上旬进行测产并采收果实样品。

（1）产量的测定：

每处理测 3 株单产，折算亩产；每个处理随机取鲜果 10 个，分别称重，取平均值即为单果重；用电子游标卡尺测果实横径 R 和纵径 H，测定时选取果实最大部位并计算果形指数（H/R）。

（2）品质的测定：

含水量的测定：烘干法。

总糖与还原糖含量的测定：总糖采用蒽酮—硫酸比色法测定；还原糖采用 3，5-二硝基水杨酸比色法测定。

抗坏血酸含量的测定：采用 2，6-二氯靛酚反滴定法测定；

可溶性蛋白含量的测定：采用考马斯亮蓝 –6250 法测定；

可溶性固形物的测定：采用 2WAJ– 阿贝折光仪测定；

可滴定酸含量的测定：采用酸碱滴定法测定；

总黄酮含量的测定：采用亚硝酸钠—硝酸铝—氢氧化钠显色法进行测定。

皂苷含量的测定：采用唐军的方法测定皂苷含量（酸枣仁皂苷 A 标准品购自上海哈灵生物科技有限公司，批号为 110734）。

（四）数据处理

通过分析测定得到试验数据，采用 Microsoft Excel 2013，DPSV7.OS，MATLAB 2014a 软件进行统计分析。通过 Microsoft Excel 2013 对各处理的动态变化曲线进行分析；通过 DPSV7.05 进行 LSD 分析；通过 MATLAB2014a 分别建立产量和品质回归方程，进行主成分分析，单因素效应、双因素互作效应分析，并进行模型寻优。

第三节　水肥一体化对红枣生长、产量与品质的影响

一、不同施肥水平对红枣枣吊及叶片生长的影响

（一）对枣吊生长的影响

水肥一体化条件下不同施肥水平对枣吊生长有着不同程度的影响：前期急剧增长，中期持续增长，后期缓慢增长趋于稳定。而 6 月 5 日到 6 月 20 日这段时期是枣吊生长最为旺盛的时期，此期间均达到最大。枣吊最终长度的最大值出现在氮、磷、钾均较高水平的 $N_4P_4K_4$ 处理，其次为氮、磷适度而钾高水平的 $N_3P_3K_5$ 处理。枣吊长度的最小值则出现在磷、钾较高水平而氮较低水平的 $N_2P_4K_4$ 处理，其次为氮、钾较低水平而磷较高水平的 $N_2P_4K_2$ 处理。此外，枣吊的绝对长度除 $N_4P_2K_4 < N_2P_2K_4$ 外，相同磷、钾配比条件下枣吊的绝对长度均表现为随着施氮量的增加而增加，可以看出氮素对于红枣枣吊的生长有着显著的促进作用。

（二）对百叶干鲜重、百叶厚、叶面积指数的影响

叶面积指数（Leaf area index LAI）即单位土地面积上的植物总叶面积，是反映植物群体生长状况的一个重要指标，其大小直接与最终产量的高低密切相关。实验表明，不同施肥水平对红枣百叶干鲜重、百叶厚及叶面积指数的影响差异较为显著。

百叶干重的最大值出现在氮、磷、钾均适度的 $N_3P_3K_3$ 处理，其次为氮、磷适度、钾低水平的 N_3P_3K 处理，分别达到 32.25 g 和 31.05 g；最小值出现在磷、钾较低水平、氮较高水平的 $N_4P_2K_2$ 处理，其次为氮、磷、钾均较低水平的 $N_2P_2K_2$ 处理，分别为 26.05 g 和 26.40 g。百叶鲜重的最大值出现在氮磷钾均适度的 $N_3P_3K_3$ 处理，其次为氮、磷适度、钾低水平的 N_3P_3K 处理，分别达到 32.25 g 和 31.05 g；最小值出现在氮磷钾均较低水平的 $N_2P_2K_2$ 处理，其次为氮磷较低水平、钾较高水平的 $N_2P_2K_4$ 处理和氮钾较高水平、磷较低水平的 $N_4P_2K_4$ 处理，分别为 36.20 g，37.10 g 和 37.20 g。

百叶厚的最大值出现在氮、磷、钾均较高水平的 $N_4P_4K_4$ 处理，其次为氮、磷适度、钾低水平的 N_3P_3K 处理和氮、磷、钾均适度的 $N_3P_3K_3$ 处理，分别达到 33.97 g，33.70 g 和 33.07 g；最小值出现在磷、钾适度、氮高水平的 $N_5P_3K_3$ 处理，其次为氮、磷、钾均较低水平的 $N_2P_2K_2$ 和磷、钾均较低水平、氮较高水平的 $N_4P_2K_2$ 处理，分别为 25.77 g，26.40 g，26.57 g。

此外，相同氮、钾配比条件下，百叶干鲜重、百叶厚及叶面积指数普遍随着施磷量的增加而增加，可以看出磷素对于红枣叶片的生长有着显著的促进作用。

（三）对叶片 CCI 值的影响

光合作用保证了红枣生长发育必需养分的储存，而叶绿素含量是衡量红枣光合作用的一个重要指标。不同施肥水平对 CCI 值的影响差异明显，在红枣的生育期内大致呈现出先持续升高，于 9 月初前后达到峰值后有所降低的趋势，具体表现为：7 月到 8 月红枣树叶片的叶绿素含量迅速提高，这段时期正是枣树营养生长的旺盛期，生殖生长开始逐渐增强；从 8 月中旬开始不同处理的 CCI 值增幅逐一回落，各处理的 CCI 值普遍在 9 月初前后达到

最高峰，这段时期枣树营养生长基本结束，而生殖生长开始旺盛，枣果体积在这一时期迅速增大；8月下旬开始，CCI值在不同施肥处理中保持不变或有所下降，此阶段由于叶绿素开始分解，叶绿素含量开始下降，不同处理下降幅度有所不同。

N_4 水平：$N_4P_2K_2$ 处理和 $N_4P_2K_4$ 处理的 CCI 值于 8 月 30 日达到峰值，分别为 41.68 和 31.07；而 $N_4P_4K_4$ 处理和 $N_4P_4K_2$ 处理的 CCI 值于 9 月 13 日达到峰值，分别为 39.03 和 32.66。

N_2 水平：除 $N_2P_4K_4$ 处理的 CCI 值在 9 月 13 日达到峰值外，其他处理的 CCI 值均在 8 月 30 日达到峰值，其中 $N_2P_2K_2$ 处理的 CCI 值最高达到 40.87。

K_3 水平：$N_5P_3K_3$ 处理和 $N_1P_3K_3$ 处理的 CCI 值于 8 月 30 日达到峰值，分别为 31.21 和 35.66，而 $N_5P_3K_3$ 处理的 CCI 值则在 9 月 13 日达到峰值，为 37.91。

N_3 水平：各处理的 CCI 值均在 9 月 13 日后达到峰值，并且当氮磷水平一致的条件下，CCI 值由大到小依次为：$N_3P_3K_5 > N_3P_3K_3 > N_3P_3K$，即随着施钾量的增加，CCI 值也随之增加，其中 $N_3P_3K_5$，处理的 CCI 值最高达到 38.96。

二、不同施肥水平对枣果生长及产量的影响

（一）对单果重、坐果率、产量的影响

红枣树花量大，但是坐果率很低，故提高坐果率是提高产量的一条重要途径。水肥一体化条件下不同施肥水平对红枣单果重、坐果率、产量的影响差异显著。

单果重的最大值出现在氮、磷、钾均较高水平的 $N_4P_4K_4$ 处理，其次分别为氮、钾较低水平、磷较高水平的 $N_2P_4K_2$、磷、钾较高水平、氮较低水平的 $N_2P_4K_4$ 和氮、磷、钾均适度的 N_3P_3K 处理，分别达到 13.153 g，12.866 g，12.742 g 和 12.505 g；最小值出现在磷、钾较低水平、氮较高水平 $N_4P_2K_2$ 处理，其次为磷钾适度、氮低水平的 $N_1P_3K_3$ 处理，分别为 7.310 g 和 7.852 g。

坐果率的最大值出现在氮、磷适度、钾低水平的 $N_3P_3K_1$ 处理，其次为氮、

磷、钾均适度的 $N_3P_3K_3$ 处理,分别达到 8.69% 和 8.26%;最小值出现在氮、钾较高水平、磷较低水平的 $N_4P_2K_4$ 处理,其次为磷、钾较低水平、氮较高水平的 $N_4P_2K_2$ 处理,分别为 4.95% 和 5.03%。

产量的最大值出现在氮、磷、钾均适度的 $N_3P_3K_3$ 处理,其次为氮、磷适度、钾高水平的 $N_3P_3K_5$ 处理以及氮、磷、钾均较高水平的 $N_4P_4K_4$ 处理,分别达到 20 223.79 kg/hm^2,18 498.76 kg/hm^2 和 18 478.94 kg/hm^2;最小值出现在氮、磷、钾均较低水平的 $N_2P_2K_2$ 正交处理,其次为磷、钾适度、氮低水平的 $N_1P_3K_3$ 处理,分别为 7 642.43 kg/hm^2 和 8 237.42 kg/hm^2。

(二)对枣果横、纵径的影响

1. 对枣果横径的影响

水肥一体化条件下不同施肥水平对红枣枣果横径的影响基本可概括为前期急剧增长,中期持续增长,后期缓慢增长并趋于稳定。

N_4 水平,各施肥处理下的枣果横径生长趋势相似,其中 $N_4P_4K_4$ 处理的横径增幅最为明显,在 9 月 15 号达到最大值 29.7 mm。

N_2 水平,其中 $N_2P_4K_2$ 处理的横径在整个生长期始终高于其他各处理,并在 9 月 15 号达到最大值 31.9 mm。

K_3 水平,其中 $N_5P_3K_3$ 处理的横径始终高于其他各处理,于 9 月 15 号达到最大值 28.6 mm。

N_3 水平,其中 $N_3P_3K_1$ 处理的横径高于其他各处理,于 9 月 15 号达到最大值 31.0 mm。综合来看,N 素水平过高或过低都会抑制枣果横径的生长,P 素也有类似的特征,这考虑为沙地土壤较为贫瘠,适量施肥可以有效缓解土壤肥力,满足红枣的养分需求。而之前研究也有证实,氮磷配施对于枣果的生长有促进作用,且可能有协同作用。另一方面,红枣对于 K 素的需求也不宜过多,本研究中,低水平 K 与适度的 N,P 配施对于红枣横径生长的促进作用较为显著。

2. 对枣果纵径的影响

与横径类似,水肥一体化条件下不同施肥水平对于红枣枣果纵径的影响大致表现为前期急剧生长,中期先缓慢生长再加速生长,后期稳定增长趋于平缓。

N_4 水平:各施肥处理下的枣果纵径生长趋势相似,其中 $N_4P_4K_4$ 处理的纵径在整个生长期始终高于其他处理，于 9 月 15 日达到最大值 47.1 mm。

N$_2$ 水平，其中 N$_2$P$_2$K$_4$ 处理的纵径增幅最为显著，在 9 月 15 号达到最大值 45.4 mm。

K$_3$ 水平，其中 N$_5$P$_3$K$_3$ 处理的纵径始终高于其他各处理，于 9 月 15 号达到最大值 43.9 mm。

N$_3$ 水平，其中 N$_3$P$_3$K$_1$ 处理的纵径于 9 月 15 号达到最大值 44.3 mm。整体来看，N$_4$P$_4$K$_4$ 处理对于枣果纵径的生长有显著的促进作用。

（三）对果实含水量的影响

水肥一体化条件下，不同施肥水平对红枣果实含水量的影响差异较为显著。其中，果实含水量的最大值出现在磷钾较高水平、氮较低水平的 N$_2$P$_4$K$_4$ 处理，其次为氮钾适度、磷高水平的 N$_3$P$_5$K$_3$ 处理，分别达到 75.89％ 和 75.33％；最小值出现在磷钾适度、氮高水平的 N$_5$P$_3$K$_3$ 处理，其次为磷钾适度、氮低水平的 NP$_3$K$_3$ 处理，分别为 66.19％ 和 67.12％。除 N$_4$P$_4$K$_2$ < N$_4$P$_2$K$_2$ 外，由 N$_2$P$_4$K$_4$ > N$_2$P$_2$K$_4$、N$_4$P$_4$K$_4$ > N$_4$P$_2$K$_4$ 以及 N$_3$P$_5$K$_3$ > N$_3$P$_3$K$_3$ 可以看出在氮钾配比一定的条件下，适当的提高磷肥的用量能够提高红枣的果实含水量。

（四）对果形指数的影响

果形指数是指果实纵径与横径的比值，是衡量红枣品质的常用指标之一，其果形指数达到 1.5 左右为最佳，过大或过小均次之。水肥一体化条件下，不同施肥水平对红枣果形指数的影响差异较为显著，其中最为接近 1.5 的为氮磷较高水平、钾较低水平的 N$_4$P$_4$K$_2$ 处理，其次为氮钾较高水平、磷较低水平的 N$_4$P$_2$K$_4$ 处理和磷钾适度、氮低水平的 N$_1$P$_3$K$_3$ 处理，果形指数分别为 1.517，1.477 和 1.446。

三、不同施肥水平对枣果品质的影响

（一）对抗坏血酸含量的影响

抗坏血酸又名维生素 C，主要以还原型（ASA）广泛存在于新鲜水果中，是人体必需的主要维生素之一，也是人体正常生理代谢不可缺少的一类有机物。水肥一体化条件下，不同施肥水平对红枣 Vc 含量的影响差异比较显著。Vc 含量的最大值出现在氮磷适度、钾高水平的 $N_3P_3K_5$ 处理，其次为磷钾较高水平、氮较低水平的 $N_2P_4K_5$ 处理，分别达到 7.52 mg/g·FW 和 6.82 mg/g·FW；最小值出现在磷钾较低水平、氮较高水平的 $N_4P_2K_2$ 处理，其次为氮钾较高水平、磷较低水平的 $N_4P_2K_4$ 和氮磷适度、钾低水平的 $N_3P_3K_1$ 处理，分别为 0.30 mg/gFW，0.59 mg/g·FW 和 0.59 mg/g·FW。此外，由 $N_4P_4K_4 > N_4P_2K_4$、$N_4P_4K_2 > N_4P_2K_2$、$N_2P_4K_4 > N_2P_2K_4$、$N_2P_4K_2 > N_2P_2K_2$ 以及 $N_3P_3K_3 > N_3P_1K_3$ 可以看出相同氮钾配比条件下，适当加施磷肥能够显著提高红枣枣果中抗坏血酸的含量。

（二）对可溶性固形物含量、可滴定酸含量、固酸比的影响

可溶性固形物和可滴定酸作为衡量红枣品质的两个常见指标，前者主要指果实内的可溶性糖类，其含量可反映红枣的含糖量；后者则能体现红枣的酸度。一般对于新鲜枣果来说，高糖中酸为最佳，品质最优。固酸比是指可溶性固形物含量和可滴定酸含量的比值，故其值越高，红枣品质越佳。

试验发现，可溶性固形物的最大值出现在磷、钾较低水平的 $N_4P_2K_2$ 处理，其次为磷、钾、适度、氮高水平的 $N_5P_3K_3$ 处理，分别达到 24.70% 和 24.67%；可滴定酸的最小值出现在氮、钾适度、磷高水平的 $N_3P_5K_3$ 处理，其次为氮磷钾均较高水平的 $N_4P_4K_4$ 处理，分别为 1.25% 和 2.25%；固酸比的最大值出现在氮钾适度、磷高水平的 $N_3P_5K_3$ 处理，其次为氮、钾较低水平、磷较高水平的 $N_2P_4K_2$ 处理，分别达到 14.72 和 8.79。除 $N_2P_4K_4 < N_2P_2K_4$ 外，$N_4P_4K_4 > N_4P_2K_4$、$N_4P_4K_2 > N_4P_2K_2$、$N_2P_4K_2 > N_2P_2K_2$ 以及 $N_3P_5K_3 > N_3P_3K_3 > N_3P_1K_3$，可以看出在氮钾配比一定的条件下，红枣枣果的固酸比随着磷素的增加而增加。

（三）对可溶性总糖含量、还原糖含量、糖酸比的影响

实验发现，水肥一体化条件下，不同施肥水平对红枣可溶性总糖、还原糖含量的影响差异比较显著。

1. 对可溶性总糖含量、还原糖含量的影响

可溶性总糖含量的最大值出现在氮、磷较低水平、钾较高水平的 $N_2P_2K_4$ 处理，其次为磷、钾适度、氮低水平的 NP_3K_3 处理，分别达到 172.58 mg/g 和 171.07 mg/g；最小值出现在氮、磷、钾均较高水平的 $N_4P_4K_4$ 处理，其次为氮、磷较高水平、钾较低水平的 $N_4P_4K_2$ 处理，分别为 90.38 mg/g 和 106.76 mg/g。而还原糖含量的最大值出现在磷、钾适度、氮高水平的 $N_5P_3K_3$ 处理，其次为氮、磷、钾均适度的 $N_3P_3K_3$ 处理，分别达到 62.72 mg/g 和 61.92 mg/g；最小值出现在磷、钾较高水平、氮较低水平的 $N_2P_4K_4$ 处理，其次为氮、磷、钾均较高水平的 $N_4P_4K_4$ 处理，分别为 20.07 mg/g 和 21.57 mg/g。除 $N_2P_4K_4 < N_2P_4K_2$ 外，$N_4P_4K_4 > N_4P_4K_2$、$N_4P_2K_4 > N_4P_2K_2$、$N_3P_3K_3 > N_3P_3K_1$、$N_3P_3K_5 > N_3P_3K$，可以看出相同氮、磷配比条件下，钾素的增加对于红枣总糖和还原糖的积累有显著的促进作用，在氮磷适度的条件下，适量增加钾素可以使其含量保持在一个较高的水平。

2. 对糖酸比的影响

糖酸比是指可溶性总糖与可滴定酸含量的比值，也称作甜酸比，是红枣常见的品质指标之一。实验发现，糖酸比的最大值出现在氮、钾适度、磷高水平的 $N_3P_5K_3$ 处理，其次为氮、磷适度、钾较高水平的 $N_2P_2K_4$ 处理，分别达到 92.13 和 62.76。其最小值出现在氮、钾较高水平、磷较低水平的 $N_4P_2K_4$ 处理，其次为氮、钾适度、磷低水平的 $N_3P_1K_3$ 处理，分别为 27.17 和 30.23。除 $N_3P_3K_3 > N_3P_3K_5$ 外，由 $N_4P_4K_4 > N_4P_4K_2$，$N_4N_2K_4 > N_4P_2K_2$，$N_2P_2K_4 > N_2P_2K_2$，$N_2P_4K_4 > N_2P_4K_2$，$N_3P_3K_5 > N_3P_3K_1$ 以及 $N_3P_3K_3 > N_3P_3K_1$ 可以看出，相同氮、磷配比下，钾肥含量的增加对糖酸比的增加有显著的促进作用。

此外，除 $N_4P_4K_4 > N_2P_4K_4$ 外，由 $N_4P_4K_2 < N_2P_4K_2$，$N_4P_2K_4 < N_2P_2K_4$、$N_4P_2K_2 < N_2P_2K_2$、$N_5P_3K_3 < N_3P_3K_3$ 可以看出，相同磷钾配比条件下，氮素的增加对糖酸比的影响没有显著的促进作用。除 $N_2P_4K_4 < N_2P_2K_4$ 外，由 $N_4P_4K_4 > N_4P_2K_4$，$N_4P_4K_2 > N_4P_2K_2$，$N_3P_5K_3 > N_3P_3K_3 > N_3P_1K_3$ 可以看出适当的氮钾配比条件下，磷素的增加能够提高红枣的糖酸比，优化其品质。

（四）对可溶性蛋白含量、皂苷含量、总黄酮含量的影响

可溶性蛋白是红枣品质和营养重要评价指标之一，其作为构成酶的重要组成部分，参与多种生理生化代谢过程的调控，与红枣的生长发育、成熟衰老、抗病性及抗逆性密切相关。试验发现，水肥一体化条件下，不同施肥水平对红枣可溶性蛋白含量的影响差异较为显著。可溶性蛋白含量的最大值出现在氮钾适度、磷高水平的 $N_3P_5K_3$ 处理，其次为氮磷钾均较高水平的 $N_4P_4K_4$ 处理，分别达到 1.258 mg/g·FW 和 1.038 mg/g·FW；最小值出现在氮钾较高水平、磷较低水平的 $N_4P_2K_4$ 处理，其次为氮钾适度、磷低水平的 $N_3P_1K_3$ 处理，分别为 0.221 mg/g·FW 和 0.239 mg/g·FW。除 $N_2P_4K_4 < N_2P_2K_4$ 外，由 $N_4P_4K_4 > N_4P_2K_4$、$N_4P_4K_2 > N_4P_2K_2$、$N_2P_4K_2 > N_2P_2K_2$ 以及 $N_3P_5K_3 > N_3P_3K_3 > N_3P_1K_3$ 可以看出，相同氮、钾配比条件下，随着磷素含量的增加红枣果实内可溶性蛋白含量也随之增加。

试验还发现，水肥一体化条件下，不同施肥水平对红枣皂苷含量的影响差异较为显著。皂苷含量的最大值出现在氮、钾适度、磷低水平的 $N_3P_1K_3$ 处理，其次为氮、磷适度、钾高水平的 $N_3P_3K_5$ 处理，分别达到 0.127% 和 0.121%；其最小值出现在氮、磷适度、钾低水平的 N_3P_3K 处理，其次为氮、磷、钾均较低水平的 $N_2P_2K_2$ 处理，分别为 0.053% 和 0.059%。此外，除 $N_4P_4K_4 < N_4P_4K_2$ 和 $N_2P_4K_4 < N_2P_4K_2$ 外，由 $N_4P_2K_4 > N_4P_2K_2$、$N_2P_4K_4 > N_2P_2K_2$，$N_3P_3K_5 > N_3P_3K_3 > N_3P_3K$ 可以看出，相同氮、磷配比下，适当追施钾肥能够促进红枣对皂苷含量的积累。

总黄酮是指黄酮类化合物，是一大类天然产物，能增进人体内 Vc 的作用，具有清除自由基、防止血管硬化、增强血管弹性、抗衰老、预防并治疗心脑血管疾病、降血压、降低血脂等重要作用。红枣中含有多种医疗保健物质，其中重要的一种是芦丁成分。实验发现，水肥一体化条件下，不同施肥水平对红枣总黄酮含量的影响差异较为显著。总黄酮含量的最大值出现在磷、钾适度，氮高水平的 $N_5P_3K_3$ 处理，达到 0.66%，其次为氮、磷适度、钾高水平的 $N_3P_3K_5$ 处理，达到 0.65%。总黄酮含量的最小值出现在氮、磷较高水平，钾较低水平的 $N_4P_4K_2$ 处理，仅为 0.41，其次为氮、磷、钾均较低水平的 $N_2P_2K_2$ 处理，达到 0.43%。此外，总黄酮含量除从 $N_2P_4K_4 < N_2P_4K_2$

外，由 $N_4P_4K_4 > N_4P_4K_2$，$N_4P_2K_4 > N_4P_2K_2$，$N_2P_2K_4 > N_2P_2K_2$，$N_3P_3K_5$ > $N_3P_3K_3 > N_3P_3K$，可以看出相同氮、磷配比下，加施钾肥对总黄酮的积累有促进作用；此外，$N_5P_3K_3 > N_3P_3K_3 > N_1P_3K_3$，$N_3P_5K_3=N_3P_3K_3 >$ N_3PK_3，即当磷、钾、氮、钾适度配比一致的条件下，分别适当加施氮肥、磷肥也有利于红枣对总黄酮的积累。

第四节　水肥一体化条件下 Fe、Zn 对红枣生长及品质、产量的影响

一、Fe、Zn 对枣吊及叶片生长的影响

（一）对枣吊生长的影响

枣吊具有开花结果和承担光合效能的双重作用，由于每年都要脱落，又称脱落性果枝，其生长发育状况影响着红枣树的开花坐果。不同 Fe、Zn 处理下红枣生育期枣吊的生长在生育期间大致呈现出前期较快后期放缓并趋于稳定的趋势。不同 Fe、Zn 处理下的枣吊长始终高于清水对照 CK，说明在水肥一体化的条件下，加施硫酸亚铁、硫酸锌对于红枣枣吊生长有促进作用，其中 Fe、Zn 配施即 Fe+Zn 处理优于 Fe、Zn 单施处理，并于 8 月 5 日达到最大值 31.4 cm，较清水对照 CK 增长 14.2%。整体来看，枣吊长度由大到小依次为：Fe+Zn（31.4 cm）> Zn（30.2 cm）> Fe（29.8 cm）> CK（27.5 cm），故考虑硫酸亚铁、硫酸锌在一定浓度下对于枣吊生长的影响表现出协同作用。

（二）对百叶干鲜重、百叶厚、叶面积指数的影响

叶片是植物进行光合作用的主要场所，叶面积的大小决定了植物的受光面，从而决定了光合作用强度的高低，故提高光能利用率的主要途径之一就是增加光合作用面积——叶面积。不同 Fe、Zn 处理下沙地红枣树采收期叶片的百叶干鲜重、百叶厚及叶面积指数测定结果为：叶面喷

施 Fe、Zn 以及 Fe+Zn 处理下的红枣树在采收期时，其百叶鲜重分别达到了 39.05 g，42.05 g，38.20 g，较清水对照 CK 分别提高了 4.7%，12.7%，2.4%，百叶干重分别达到了 28.05 g，29.25 g，28.10 g，较清水对照 CK 分别提高了 3.1%，7.5%，3.3%，其中单施 Zn 肥处理对红枣树叶片的百叶干鲜重影响最大，显著高于其他处理及对照；百叶厚分别达到了 37.07 mm，32.57 mm，31.40 mm，较清水对照 CK 分别提高了 18.8%，4.4%，0.6%，其中单施 Fe 肥处理对红枣树叶片的百叶厚影响最大，显著高于其他处理及对照；叶面积指数分别达到了 1.30，1.20，1.62，较清水对照 CK 分别提高了 28.7%，18.8%，60.4%，其中 Fe+Zn 处理对红枣树叶片的叶面积指数影响最大，显著高于其他处理及对照。

（三）对叶片 CCI 值的影响

叶片中叶绿素含量的多少直接影响到光合作用的强度和光合产物的数量，叶绿素含量增加对于枣果生长后期生物量的累积有一定的促进作用。

不同 Fe、Zn 处理对枣树生育期叶片叶绿素含量指数有显著的影响，在枣树生育期间 CCI 值总体呈现出先升高后降低的趋势。不同 Fe、Zn 处理下的 CCI 值在枣树生育期间始终高于清水对照 CK，说明 Fe、Zn 对于叶片叶绿素含量有促进作用；同时各处理的 CCI 值均于 8 月末达到峰值，由大到小依次为 Fe+Zn（37.2）＞ Fe（31.2）＞ Zn（28.7）＞ CK（26.8）其中 Fe+Zn 处理的 CCI 值高出 CK38.8%。叶绿素含量的增加能够加强红枣的光合作用，而陕北榆林地区的昼夜温差较大，而红枣在夜晚呼吸作用较弱，因此可以大量积累淀粉，提高沙地红枣的品质。故在水肥一体化条件下，叶面配施铁锌肥能够有效促进红枣树叶片叶绿素含量的增加。

二、Fe、Zn 对枣果生长及产量的影响

（一）对单果重、坐果率、产量的影响

与清水对照 CK 相比，叶面喷施 Fe、Zn 以及两浓度配施 Fe+Zn 处理在采收期时，枣树坐果率分别达到了 13.27%，12.98%，16.13%，较 CK

分别提高了 5.68%，5.39%，8.54%，对于坐果率的促进作用为 Fe > Zn，其中 Fe+Zn 处理对红枣坐果率影响促进作用最为显著；枣果单果重分别达到了 22.24 g，18.96 g，22.27 g，较 CK 分别提高了 31.1%，11.8%，31.3%，对于单果重的促进作用为 Fe > Zn，其中 Fe+Zn 处理对果实单果重促进作用最大，高于其他处理及对照；红枣产量较 CK 分别提高了 18.4%，50.0%，28.7%，其中在水肥一体化的基础上叶面单施 Zn 对红枣产量促进作用最为明显。

（二）对枣果横纵径的影响

不同 Fe、Zn 处理下红枣枣果发育期间果实横纵径的变化规律为：红枣枣果横纵径呈现出先稳定增长，9 月开始进入生殖生长期开始迅速增长，之后增速回落保持稳定直到成熟期。果实横纵径在发育期间呈逐步增长的趋势，与清水对照 CK 相比，叶面喷施 Fe、Zn 以及两浓度配施 Fe+Zn 处理在采收期时，枣果横径分别达到了 33.9 mm，33.3 mm，34.3 mm，较 CK 分别提高了 7.6%，5.7%，9.5%，其中 Fe+Zn 处理对果实横径影响最大，高出其他处理及对照；枣果纵径分别达到了 49.2 mm，49.1 mm，48 mm，较清水对照分别提高了 9.3%，9.1%，6.7%，其中叶面单施 Fe 处理对果实纵径影响最大，高出其他处理及对照。故对于果实横纵径的影响少且小，依次为：Fe > Zn。

（三）对果实含水量和果形指数的影响

与清水对照相比，叶面喷施 Fe、Zn 以及两浓度配施 Fe+Zn 处理在采收期时，枣果果实含水量分别达到了 73.71%，75.40%，77.62%，较 CK 分别提高了 6.1%，8.6%，11.8%，其中 Fe+Zn 处理对果实含水量影响最显著，高于其他处理及对照。

果形指数是描述果形特征的重要指标，一般情况下，果形指数的大小与品种特性、栽培条件有关，水果的果形指数越高，其商品性越好，红枣的果形指数为纵径与横径的比值，以 1.5 为最佳。与清水对照 CK 相比，叶面喷施 Fe、Zn 以及两浓度配施 Fe+Zn 处理在采收期时，枣果果形指数分别达到了 1.45，1.48，1.40，最佳果形指数即最接近 1.5 的出现在单施 Zn 肥处理，较 CK 提高了 3.5%。故其对果形指数影响大小顺序依次为 Zn、Fe，在水肥一体化的基础上加施叶面锌肥能够明显改善红枣的果形指数。

三、Fe、Zn 对枣果品质的影响

（一）对可溶性固形物含量、可滴定酸含量、固酸比的影响

果实中的糖、酸、矿物质、维生素等可以溶于水的物质称为可溶性固形物，是衡量果实品质的一个重要方面。固酸比是果实可溶性固形物含量与其可滴定酸含量之比，它是反应果实成熟与品质的重要指标。

与清水对照 CK 相比，叶面喷施 Fe、Zn 以及两浓度配施 Fe+Zn 处理在采收期时，枣果可溶性固形物含量分别达到了 15.93%，17.87%，18.83%，较 CK 分别提高了 2.53%，4.47%，5.43%；枣果可滴定酸含量分别达到了 3.25%，3.05%，2.05%，较 CK 分别降低了 0.5%，0.7%，1.7%；枣果固酸比分别达到 4.90，5.86，9.19，较 CK 分别提高了 1.32%，2.28%，5.61%，其中 Fe+Zn 处理对果实可溶性固形物含量、可滴定酸含量及固酸比的影响最大，显著高于其他处理及对照，有效提高了枣果中可溶性固形物的含量，并降低了可滴定酸的含量，从而使得固酸比值提高，提升了枣果的口感。

（二）对可溶性总糖含量、还原糖含量、糖酸比的影响

糖含量的高低同样也是衡量红枣枣果营养品质的重要指标之一，其决定了枣果的口感和营养价值，继而影响了枣果的市场价值。糖酸比是果实中总糖量和有机酸含量的比值，是衡量红枣品质的重要因素，糖酸比高时枣果较甜。

与清水对照 CK 相比，叶面喷施 Fe、Zn 以及两浓度配施 Fe+Zn 处理在采收期时，枣果果实可溶性总糖含量分别达到了 135.68，89.14，167.50，较 CK 分别提高了 154.0%，66.9%，213.6%；枣果果实还原糖含量分别达到了 56.53，66.42，102.69，较清水对照 CK 分别提高了 45.5%，71.0%，164.4%，其中 Fe+Zn 处理对果实可溶性总糖含量、还原糖含量影响最大，显著高出其他处理及对照；其枣果糖酸比分别达到了

41.75，29.23，81.71，较 CK 分别提高了 27.51%，14.99%，64.47%，其中 Fe+Zn 处理对枣果糖酸比影响最大，显著高于其他处理及对照。

（三）对可溶性蛋白含量、抗坏血酸含量、皂苷含量及总黄酮含量的影响

维生素 C 是衡量梨枣内在品质的重要指标。维生素 C 是很强的抗氧化剂，Vc 抗氧化活性占红枣抗氧化活性的 52.62%，是红枣延缓衰老、预防心脑血管疾病等作用的主要成分之一。

与清水对照 CK 相比，叶面喷施 Fe、Zn 以及两浓度配施 Fe+Zn 处理，在采收期时，其枣果可溶性蛋白含量分别达到了 0.471 mg/g，0.337 mg/g，0.721 mg/g，其中 Fe+Zn 处理对枣果可溶性蛋白含量影响最显著，高于其他处理及对照，较 CK 高出了 55.1%，而单施 Fe、Zn 处理与 CK 差异不显著；枣果抗坏血酸含量分别达到了 0.823 mg/g，3.701 mg/g，4.113 mg/g，各处理间差异显著，其中 Fe+Zn 处理对枣果可抗坏血酸含量影响最显著，高于其他处理及对照，较 CK 高出了 150.0%。叶面喷施 Fe、Zn 以及两浓度配施 Fe+Zn 处理在采收期时，枣果皂苷含量分别达到了 0.881 mg/g，0.833 mg/g，1.034 mg/g，较 CK 分别提高了 26.8%，19.9%，48.8%，各处理间差异显著；枣果总黄酮含量分别达到了 0.590 mg/g，0.572 mg/g，0.606 mg/g，较 CK 分别提高了 5.9%，2.7%，8.8%，各处理间差异显著，其 Fe+Zn 处理对枣果皂苷及总黄酮含量影响最大，显著高出其他处理及对照。

参考文献

[1] 丁国栋. 防沙治沙实用技术 [M]. 北京：中国农业科学技术出版社，2006.

[2] 吴正. 风沙地貌与治沙工程学 [M]. 北京：科学出版社，2003.

[3] 包岩峰，杨柳，龙超，等. 中国防沙治沙 60 年回顾与展望 [J]. 中国水土保持科学，
2018，16（2）：144-150.

[4] 步兆东，陈范，迟功德，等. 防沙治沙技术对策的探讨 [J]. 世界林业研究，2003，16（2）：
59-61.

[5] 曹卫军，李贵雷. 用于沙漠化土地治理的作物种植方法研究 [J]. 花卉，2019，（4）：
87-88.

[6] 常兆丰，樊宝丽，王强强. 我国防沙治沙的现状、问题与出路——以民勤沙区为例 [J].
西北林学院学报，2012，27（4）：93-99.

[7] 丁新辉，刘孝盈，刘广全. 我国沙障固沙技术研究进展及展望 [J]. 中国水土保持，
2019，（1）：35-37.

[8] 窦启福. 防沙治沙造林技术的应用 [J]. 农家致富顾问，2019，（4）：74.

[9] 冯凯，韩云海，王丙辰. 防沙治沙造林技术措施研究 [J]. 科技致富向导，2015，（3）：9，14.

[10] 付彦博，王成福，黄建，等. 水肥交互对红枣产量及生理状况的影响 [J]. 新疆农业科学，
2017，54（1）：66-75.

[11] 韩丽文，李祝贺，单学平，等. 土地沙化与防沙治沙措施研究 [J]. 水土保持研究，
2005，12（5）：210-213.

[12] 郝哲，张有林，景仰平，等. 沙地鲜食枣设施栽培技术 [J]. 农业工程技术·温室园艺，
2015，（8）：44-47.

[13] 焦居仁. 水土保持综合治理风蚀的一项创举 - 水力治沙造田 [J]. 中国水土保持，
1996：1-4.

[14] 李爱珍. 红枣优质高产栽培技术 [J]. 南方农业，2017，11（12）：15-16.

[15] 李海超，王玉国，杨娟. 土地沙漠化原因及林业防沙治沙措施 [J]. 现代农业科技，
2019，（5）：192.

[16] 李小东，牟瑞，戴敏，等. 基于机械化的防沙治沙新模式 [J]. 温带林业研究，2018，
1（4）：58-62.

[17] 刘拓，彭继平. 防沙治沙亟待政策扶持 [J]. 林业经济，2003，（3）：24-26.

[18] 刘拓. 我国防沙治沙工作的基本思路 [J]. 林业经济，2002，（3）：23-25.

[19] 刘拓.中国土地沙漠化经济损失评估 [J].中国沙漠,2006,26（1）：40-46.

[20] 马艳平,周清.中国土地沙漠化及治理方法现状 [J].江苏环境科技,2007,20（z2）：89-92.

[21] 牛惠杰.水肥一体化技术对沙地红枣生长效应的研究 [D].咸阳：西北农林科技大学,
　　　2015：15-55.

[22] 商涛.防沙治沙造林技术 [J].农民致富之友,2019,（20）：179.

[23] 石磊.红枣优质丰产栽培技术 [J].石河子科技,2017,（1）：3-5.

[24] 唐华丽,熊汉国.用于防沙治沙的竹纤维基液体地膜的研制 [J].安徽农业科学,
　　　2010,38（35）：20426-20428.

[25] 万吉锋.干旱沙地红枣根域限制栽培技术 [J].西北园艺（果树）,2013,（2）：23-24.

[26] 王慧敏,刘西莉,李健强,等.防沙治沙植物多功能根瘤菌种衣剂 [J].中国农业科学,
　　　2000,33（5）：106.

[27] 王磊,香宝,苏本营,等.城市污泥应用于我国北方沙地生态修复的探讨 [J].环境工
　　　程技术学报,2016,6（5）：484-492.

[28] 王子彬.防沙治沙造林技术措施研究 [J].农业与技术,2018,38（22）：212.

[29] 邬涛,陈以,张有林,等.榆林沙地红枣水肥一体化技术要点 [J].农业与技术,
　　　2015,35（19）：74-75,79.

[30] 吴静.土地沙漠化治理措施分析 [J].绿色科技,2019,（10）：47-48.

[31] 吴银梅.防沙治沙造林技术的应用 [J].现代农业科技,2018,（22）：148.

[32] 许凤,孙润仓,詹怀宇.防沙治沙灌木生物资源的综合利用 [J].造纸科学与技术,
　　　2004,23（1）：17-20.

[33] 杨婵婵,李宏,郭光华,等.幼龄期红枣吸收根系空间分布特征 [J].南方农业学报,
　　　2013,44（2）：270-274.

[34] 杨德福,魏登贤.沙珠玉沙区植被恢复综合技术 [J].青海农林科技,2018,（4）：52-54.

[35] 詹敏,于忠峰,于明,等.覆膜防沙治沙方法 [J].水土保持研究,2007,14（3）：381-383.

[36] 张宝林,潘焕学.防沙治沙生态补偿模式创新研究 [J].科学管理研究,2012,30（6）：
　　　73-76.

[37] 张利文,周丹丹,高永.沙障防沙治沙技术研究综述 [J].内蒙古师范大学学报（自然
　　　科学汉文版）,2014,（3）：363-369.

[38] 张有林,郝哲,邬涛,等.榆林沙地红枣苗木繁育技术要点 [J].陕西林业科技,2015,（6）：
　　　27-29.

[39] 赵华,赵耀.防沙治沙造林技术的应用探究 [J].建筑工程技术与设计,2017,（4）：73.

[40] 赵婧,程伍群.我国土地沙漠化防治策略研究 [J].安徽农业科学,2011,39（13）：
　　　7868-7869,7966.

[41] 赵亮.分析防沙治沙造林技术应用 [J].现代园艺,2019,（14）：165-166.

[42] 周斌,黄赞.榆林地区防沙治沙技术 [J].新农村（黑龙江）,2017,（26）：170.

[43] 周宇.运用循环经济理念防沙治沙 [J].绿色中国,2007,（11）：8.

[44] 祝列克.我国防沙治沙的形势与任务 [J].绿色中国,2005,（20）：4-9.

附 录

（附一）研究取得的成果

附图 1-1 榆林市科学技术奖

证书号第8494862号

实用新型专利证书

实用新型名称：一种飞播种子处理装置

发　明　人：付广军;杨伟;朱建军;王建梅;白子红;孙婧瑜;艾茹

专　利　号：ZL 2018 2 1168566.5

专利申请日：2018 年 07 月 23 日

专利权人：付广军

地　　　址：719000 陕西省榆林市榆阳区西人民路 37 号省治沙所

授权公告日：2019 年 02 月 15 日　　　授权公告号：CN 208494984 U

　　国家知识产权局依照中华人民共和国专利法经过初步审查，决定授予专利权，颁发实用新型专利证书并在专利登记簿上予以登记。专利权自授权公告之日起生效，专利权期限为十年，自申请日起算。

　　专利证书记载专利权登记时的法律状况。专利权的转移、质押、无效、终止、恢复和专利权人的姓名或名称、国籍、地址变更等事项记载在专利登记簿上。

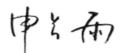

局长
申长雨

2019 年 02 月 15 日

第 1 页（共 2 页）

其他事项不见纸

附图 1-2　实用新型专利证书

证书号第6217845号

实用新型专利证书

实用新型名称：一种红枣水肥一体灌溉装置

发 明 人：付广军

专 利 号：ZL 2017 2 0431460.9

专利申请日：2017年04月24日

专 利 权 人：陕西省治沙研究所

授权公告日：2017年11月03日

　　本实用新型经过本局依照中华人民共和国专利法进行初步审查，决定授予专利权，颁发本证书并在专利登记簿上予以登记。专利权自授权公告之日起生效。

　　本专利的专利权期限为十年，自申请日起算。专利权人应当依照专利法及其实施细则规定缴纳年费。本专利的年费应当在每年11月03日前缴纳。未按照规定缴纳年费的，专利权自应当缴纳年费期满之日起终止。

　　专利证书记载专利权登记时的法律状况。专利权的转移、质押、无效、终止、恢复和专利权人的姓名或名称、国籍、地址变更等事项记载在专利登记簿上。

局长
申长雨

2017年11月03日

第1页（共1页）

附图1-3　实用新型专利证书

证书号 第6219752号

实用新型专利证书

实用新型名称： 一种红枣育苗床

发 明 人： 付广军，朱建军，王小明，史社强，杨涛，李剑

专 利 号：ZL 2017 2 0429739.3

专利申请日：2017年04月24日

专 利 权 人： 陕西省治沙研究所

授权公告日：2017年11月03日

　　本实用新型经过本局依照中华人民共和国专利法进行初步审查，决定授予专利权，颁发本证书并在专利登记簿上予以登记。专利权自授权公告之日起生效。

　　本专利的专利权期限为十年，自申请日起算。专利权人应当依照专利法及其实施细则规定缴纳年费。本专利的年费应当在每年11月03日前缴纳。未按照规定缴纳年费的，专利权自应当缴纳年费期满之日起终止。

　　专利证书记载专利权登记时的法律状况。专利权的转移、质押、无效、终止、恢复和专利权人的姓名或名称、国籍、地址变更等事项记载在专利登记簿上。

局长
申长雨

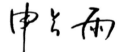

第 1 页 (共 1 页)

附图 1-4　实用新型专利证书

证书号 第6928660号

实用新型专利证书

实用新型名称：一种红枣种植灌溉装置

发　明　人：付广军；朱建军；张立强；马春艳；赵鹏宇

专　利　号：ZL 2017 2 0429469.6

专利申请日：2017 年 04 月 21 日

专 利 权 人：陕西省治沙研究所

授权公告日：2018 年 02 月 02 日

　　本实用新型经过本局依照中华人民共和国专利法进行初步审查。决定授予专利权，颁发本证书并在专利登记簿上予以登记。专利权自授权公告之日起生效。

　　本专利的专有权期限为十年，自申请日起算，专利权人应当依照专利法及其实施细则规定缴纳年费，本专利的年费应当在每年 04 月 21 日前缴纳，未按照规定缴纳年费的，专利权自应当缴纳年费期满之日起终止。

　　专利证书记载专利权登记时的法律状况，专利权的转移、质押、无效、终止、恢复和专利权人的姓名或名称，国籍，地址变更等事项记载在专利登记簿上。

局长
申长雨

附图 1-5　实用新型专利证书

证书号第9217252号

实用新型专利证书

实用新型名称：一种林业育苗装置

发　明　人：付广军；朱建军；杨志彬；惠振彪；许建成；史社强；高荣
　　　　　　丁书侠；王琪；孙婧宇；温燕；刘喜东；白子红；申宏林

专　利　号：ZL 2018 2 2112456.3

专利申请日：2018 年 12 月 17 日

专 利 权 人：陕西省治沙研究所

地　　　　址：719000 陕西省榆林市西人民路 37 号省治沙所

授权公告日：授权公告日：2019 年 08 月 09 日　　授权公告号：CN 209218720 U

　　国家知识产权局依照中华人民共和国专利法经过初步审查，决定授予专利权，颁发实用新型专利证书并在专利登记簿上予以登记，专利权自授权公告之日起生效，专利权期限为十年，自申请日起算。

　　专利证书记载专利权登记时的法律状况，专利权的转移、质押、无效、终止、恢复和专利权人的姓名或名称，国籍，地址变更等事项记载在专利登记簿上。

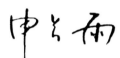

局长
申长雨

第1页（共2页）

附图 1-6　实用新型专利证书

（附二）

几种沙障形式

附图 2-1　高立式沙障

附图 2-2　网式沙障

附图 2-3　高立式网沙障

附图 2-4　低立式网沙障

附图 2-5　尼龙袋沙障

红枣技术图

附图 2-6　直播建园砧木种植整地及播种情况

附图 2-7　滴灌系统安装设计及应用调试

附图 2-8 沙地种植区环境因子及病虫害本底调查

附图 2-9 嫁接第二年生长及挂果情况

附图 2-10　精品园管护技术培训

附图 2-11　高接换头砧木整形

附图 2-12　田间试验

附图 2-13　红枣专家和"一带一路"国家的留学生技术交流

附图 2-14 鲜食红枣环割技术培训

（附三）红枣地方标准

DB6108

榆　林　市　地　方　标　准

DB6108/T 04 -2019

鲜食枣日光温室营养钵育苗技术规范

2019 – 10 – 28 发布　　　　　　　　　　2019 – 11 – 01　实施

榆林市市场监督管理局　　发布

前　言

本标准依据 GB/T1.1-2009《标准化工作导则 第 1 部分：标准的结构和编写》的规则起草。

本标准由榆林市农业农村局提出并归口。

本标准起草单位：榆林市农垦农业技术服务站、陕西师范大学、西北农林科技大学。

本标准主要起草人：郝哲、张有林、胡笑涛、景仰平、张彦飞、付广军、张润光、王玲、田朝霞、梁海燕、艾玲、杨源峰、赵殿峰、高卫东。

本标准为首次发布。

鲜食枣日光温室营养钵育苗技术规范

1. 范围

本标准规定了鲜食枣日光温室育苗技术中的术语和定义、接穗准备、育苗时间、营养钵选择、营养土配制、苗床制作、种子处理、播种方法、苗期管理、适期嫁接和嫁接苗管理等技术措施。

本标准适用于榆林鲜食枣的日光温室育苗，立地、气候条件相似地区的可参照使用。

2. 术语和定义

下列术语和定义适用于本标准

2.1 日光温室

由蓄热保温后墙、山墙、后屋面及采光前屋面和外保温棉被组成的一种不加温的温室，利用太阳能进行人工、智能调节室内的温度、湿度、光照等环境因子，为作物生长发育提供适宜的环境条件，达到在不适宜生长的季节或地区实现生产目标的栽培设施。

2.2 嫁接

指把枣树的枝或芽（接穗）接到砧木（酸枣）的根或茎上，使接在一起的两个部分长成一棵完整的枣树的方法。

2.3 抹芽

指在萌芽后，将无用的幼芽从基部去除。

2.4 摘心

指在生长季，为控制枝条生长，节约养分，将新生枝的顶芽摘除。

3. 接穗准备

在落叶后至萌芽前，结合枣树休眠期修剪，选择冬枣、蛤蟆枣、伏脆蜜、灵武长枣等品质优良、外形美观、早实丰产、抗逆性强的鲜食品种的枣树采集接穗，接穗选择粗细均匀的枣树一次生枝，每节剪截一个接穗，及时封蜡以防止接穗失水，并在 0～5℃低温保湿条件下保存待用。

4. 育苗时间

为了保证当年播种育苗，当年嫁接成苗，须采用日光温室营养钵育苗，一般于1月上旬播种酸枣仁育苗，5月中下旬酸枣砧木平茬，根茎嫁接，11月上中旬培育成苗。

5. 营养钵选择

选用直径30 cm×30 cm的塑料营养钵。

6. 营养土配制

营养土的配制为肥沃田土与充分腐熟的农家肥以7:3比例混合，每1 m³营养土再加入500 g捣碎的磷酸二铵复合肥，充分混匀，覆盖塑料膜堆闷5～7天，装入营养钵。

7. 苗床制作

在日光温室内做成宽1.5～2.0 m、深35～40 cm、长度6～7 m的南北向育苗床，苗床之间留30～40 cm的走道。先将苗床底部整平踏实，然后将装好营养土的营养钵整齐排列到苗床上待播。有条件的可在苗床铺设电热线。

8. 种子处理

根据每亩定植株数和30%的苗损率确定用种量。播种前将酸枣仁放入凉水浸种24小时，捞出沥干水分，用湿布包好放在25～28℃条件下进行保湿催芽，催芽过程中每天用温水冲洗1～2次，待酸枣种仁20%～30%露白时即可播种。

9. 播种方法

选择晴天上午播种。播前苗床浇足底水，水未渗完前用木板刮平床面，水渗完后每个营养钵点种3～4粒种子，上覆2～3 cm营养土，盖地膜，扣小拱棚保温保湿。

10. 苗期管理

待出苗达50%时及时撤除床面地膜，降低床面湿度，增强光照。苗齐后及时间苗，每个营养钵留苗1株。在保证适宜温度的前提下加强通风排湿，防止幼苗徒长，白天揭开小拱棚膜增光降湿，晚间盖膜保温。出苗前白天保持25～28℃，夜间15～18℃，出苗后白天20～25℃，夜间12～15℃，第1片真叶长出后，白天温度25℃左右，6～7片真叶后，白天保持 25 ～ 28℃，夜间 12 ～ 15℃，尽量让幼苗早见光、多见光，以培育壮苗。待苗高 25 cm 以上时摘心，促进苗木加粗。

11. 适期嫁接

约 5 月上中旬酸枣砧木茎粗达到 0.5 cm 以上时平茬，在酸枣砧木根茎处采用劈接法嫁接，嫁接前 2 ～ 3 天苗床浇透水。嫁接时先将砧木苗贴地面剪去，然后向下挖去深 5 cm 左右的表土，露出根茎较粗的光滑部位，用剪刀将砧木横向剪截，再沿砧木横断面的中心部位将砧木纵向劈开长 2 cm 左右的切口。后迅速将接穗削成楔形插入砧木的劈口内，对齐形成层，然后用塑料薄膜将砧木劈口与接穗接合部位均匀缠裹严密，以利保湿。如接穗与砧木粗细不一致，必须将砧木和接穗一侧的形成层对齐。如接穗未经蜡封处理，须用塑料薄膜将除芽眼外的整个接穗缠裹严密，以防失水。

12. 嫁接苗管理

12.1 及时除萌

嫁接后由于砧木基部养分相对集中，会萌发幼芽，为减少营养消耗，利于接穗的愈合、萌芽和生长，须及时清除砧木所有的萌蘖。

12.2 肥水管理

嫁接成活后要根据苗床土壤墒情和苗木长势，及时浇水、追肥 2 ～ 3 次，每次每平方米苗床撒施尿素和磷酸二铵各 50 g，并浇透水。

12.3 切割薄膜

当嫁接苗木与砧木完全愈合牢固后，用小刀纵向切割缠绕的塑料薄膜，以防苗木加粗时出现勒痕，影响苗木生长。

12.4 摘心

嫁接苗长到 60 cm 以上时，要及时对顶芽进行摘心，提高嫁接苗木的木质化程度。

13. 苗木质量

13.1 质量要求

苗木应品种纯正，达到二级以上标准，符合当地检疫要求，顶梢木质化程度高，顶芽充实，茎干通直，枝干根皮无机械损伤。

13.2 苗木分级

分级标准见表。

附表 3-1　鲜食枣苗木分级规格

等级	干径（cm）	株高（cm）	根系		
			侧根（条）	长（cm）	粗（cm）
特级	> 1.2	> 100	6	> 15	> 0.1
一级	0.8 ～ 1.2	80 ～ 100	5	12 ～ 14	> 0.1
二级	0.6 ～ 0.8	60 ～ 80	4	10 ～ 11	> 0.1

注：苗干径粗：用精度为 0.02 mm 的游标卡尺测量。苗高：用精度为 1 mm 的卷尺或直尺测量。

14. 苗木出圃与运输

出圃前应进行产地检疫。一般应在晚秋落叶后至早春萌芽前起苗，挂标签，标签上须标明育苗单位名称、品种、等级、出圃日期、数量等信息。苗木装运时应轻放，严禁摔扔，避免堆压过紧、堆放过高。苗木装车后应及时启运，途中应用帆布、塑料布等覆盖，避免风吹、雨淋、日晒。调运苗木检疫应按《植物检疫条例》的规定执行。

DB6108

榆 林 市 地 方 标 准

DB6108/T 05 -2019

沙地鲜食枣日光温室直播建园技术规范

2019 – 10 – 28 发布　　　　　　　　2019 –11 – 01　实施

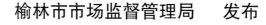

榆林市市场监督管理局　　发布

前　言

本标准依据 GB/T 1.1-2009 给出的规则起草。

本标准由榆林市农业农村局提出并归口。

本标准起草单位：榆林市农垦农业技术服务站、陕西师范大学、西北农林科技大学。

本标准主要起草人：郝哲、张有林、胡笑涛、景仰平、张彦飞、付广军、张润光、王玲、田朝霞、梁海燕、艾玲、赵殿峰、高卫东。

本标准由榆林市农垦农业技术服务站负责解释。

本标准为首次发布。

联系信息如下：

单位：榆林市农垦农业技术服务站

电话：0912-3850677

地址：榆林市保宁西路广德巷

邮编：719000

沙地鲜食枣日光温室直播建园技术规范

1. 范围

本标准规定了沙地鲜食枣日光温室直播建园栽培技术中的术语和定义、日光温室选择、土壤改良、品种选择、直播建园、幼树管理、整形修剪、破眠与升温、温湿度控制、土肥水管理、病虫害防治、采收及生产档案等技术措施。

本标准适用于榆林沙地鲜食枣日光温室直播建园栽培，立地、气候条件相似地区可参照使用。

2. 规范性引用文件

下列文件中的条款通过本标准的引用而成为本标准的条款。凡是注日期的引用文件，仅所注日期的版本适用于本标准。凡是不注日期的引用文件，其最新版本（包括所有的修改单）适用于本标准。

GB15618—2018 土壤环境质量 农用地土壤污染风险管控标准

GB5048—2005 农田灌溉水质标准

GB/T8321.10 农药合理使用准则

GB 2762 食品安全国家标准 食品中污染物限量

GB 2763 食品安全国家标准 食品中农药最大残留限量

GB/T22345 鲜枣质量等级

3. 术语和定义

3.1 日光温室

由蓄热保温后墙、山墙、后屋面及采光前屋面和外保温棉被组成的一种不加温的温室，利用太阳能进行人工、智能调节室内的温度、湿度、光照等环境因子的栽培设施。

3.2 鲜食枣直播建园

指土地整理好后，直接在定植行内播种酸枣种仁培育砧木，待砧木成苗后就地嫁接鲜食枣品种的接穗，成活后按规划的株行距直接留苗的建园方法。

3.3 需冷量

通过休眠到萌芽所必需 0 ~ 7.2℃低温的累计时数。

4. 日光温室选择

日光温室栽培的主要目的是要实现鲜食枣提前上市，获得最好的经济效益。因此鲜食枣栽培宜选择保温性能较好的日光温室作为生产设施，其建造参数为坐北向南偏西 5° ~ 7°，东西延长，半地下式（低于地面 50 ~ 60 cm），跨度 9 ~ 10 m，后墙高度 3.2 ~ 3.5 m，脊高 4.7 ~ 5.2 m，长度 80 m 左右。砖墙结构为内外 24 cm 墙、中空 10 ~ 15 cm、外贴 10 cm 厚聚苯乙烯板；后屋面为 15 cm 厚彩钢板，仰角 50°；前屋面为拱圆型双弦式镀锌钢架（上弦 DN20 mm 钢管，下弦 DN15 mm 钢管），纵向双弦式拱杆间距 1.0 m，横向设置 DN15 mm 拉杆 3 道以固定拱杆，采光面底角 60° ~ 70°，中上部屋面角 30° ~ 35°；前屋面透明覆盖物聚乙烯多功能复合膜或醋酸乙烯聚合物农膜，保温材料选用太空棉被，厚度 4 ~ 5 cm，并配套安装自动卷帘机和卷膜器；温室前沿设置深 100 cm 防寒沟，内填 20 cm 厚聚苯乙烯板。

5 土壤改良

播种前将日光温室土地平整后进行沙地土壤改良培肥，按照 2.0 ~ 2.5 m 行距，南北向开挖宽、深各 60 cm 的沟，再将黄土∶沙土∶农家肥以 4∶3∶3 比例复配拌匀回填沟内，灌水沉实整平后，铺设滴灌管，覆盖地膜，保温保湿。土壤环境按 GB15618—2018 标准执行。

6. 品种选择

砧木选用酸枣仁播种，接穗品种选择通过自然休眠时间短，自然授粉坐果率高，品质优良，外形美观，早实丰产，抗逆性强的鲜食品种。为满足市场对多样化优质鲜枣的需求，应当合理搭配不同熟期的品种。适宜的鲜食枣优良品种参见附录 A。

7. 直播建园

7.1 播种方法

为保证鲜食枣温室栽培当年播种并嫁接成苗，砧木酸枣于 1 月上旬选择晴天上午播种，播种后有几个连续晴天利于出苗，播种时按照 20 cm 株距开小穴，点种 3 ~ 4 粒，覆土 2 ~ 3 cm。

7.2 砧木苗管理

出苗前白天保持 25～28 ℃，夜间 15～18 ℃，出苗后白天 20～25℃，夜间 12～15℃，尽量让幼苗早见光、多见光，以培育壮苗。待酸枣苗齐苗后及时进行间苗，每穴留健壮苗 1 株。待苗高 15 cm 以上时视苗情追肥 1～2 次，苗高 30 cm 时摘心促进苗木加粗。

7.3 嫁接及嫁接苗管理

约 5 月中下旬酸枣砧木茎粗达到 0.5 cm 以上时平茬，采用劈接法将选好的鲜食枣接穗嫁接于酸枣砧木根茎上，嫁接前 2～3 天地面浇透水。苗木嫁接后萌芽前不能施肥、灌水，接穗和幼苗不能碰撞。约 1 个月左右接穗萌芽后开始施肥、灌水，亩施尿素 5 kg、磷酸二铵 10 kg，浇透水，以促进苗木快速生长，间隔 1 个月后再施同样一次肥，同时除去萌蘖。嫁接苗长到 70 cm 高时，顶芽摘心，提高苗木木质化程度。11 月上中旬落叶后，按照 1.0～1.6 m 株距，挖出多余苗木移栽别处，实现当年播种，当年嫁接成苗，第二年春季升温前定干，根据不同密度和树形定干高度 40～60 cm，同时剪掉与主芽同位的二次枝，两年即可培育成园。

8. 幼树管理

建园后前两年的日光温室枣园，要适时施肥、浇水、中耕和防治病虫。1 年施肥 2～3 次，基肥采取全园撒施，亩施腐熟农家肥 4 000～5 000 kg，过磷酸钙 50～100 kg。新生枣头长至 20 cm 以上时，开沟追施尿素 10～15 kg，一个月后再追施磷酸二铵 15～20 kg。结合施肥进行浇水，并及时中耕除草，防治枣瘿蚊、红蜘蛛等病虫害。

9. 整形修剪

9.1 树形结构

根据日光温室鲜食枣建园密度选择适宜的树形，高度密植 [2.0 m ×（1.0～1.2）m] 枣园采用主干形，中度密植 [2.5 m ×（1.4～1.6）m] 枣园采用开心形和纺锤形树形。

9.1.1 主干形

干高 30～40 cm，树高 1.8～2.2 m，中心干上不留主枝，全树有小型结果枝组 10～15 个，直接着生在中心干上，结果枝组下强上弱，呈水平状均匀分布在主干周围。

9.1.2 开心形

干高 40 ～ 60 cm，树高 1.4 ～ 1.6 m，中心干上轮生 2 ～ 4 个主枝，主枝与中心干角度 50°～ 70°，每个主枝上配置 2 ～ 4 个侧枝，均匀分布在两侧，间距 20 ～ 30 cm，其余枝条培养成辅养枝。

9.1.3 纺锤形

干高 30 ～ 40 cm，树高 1.8 ～ 2.2 m，留主枝 6 ～ 8 个，错落轮生在主干上，角度 70°～ 80°，相邻主枝间距 20 ～ 30 cm，枝长 70 ～ 80 cm，主枝上培养结果枝。

9.2 整形修剪

9.2.1 幼龄树

采用拉枝、撑枝等手法，培养好分枝角度适中的主枝；生长季节运用摘心手法，培养好结果枝组；冬季疏除竞争枝、直立枝、交叉枝。经过疏强留弱，或连续换头，解决枣树主枝上强下弱现象。

9.2.2 初果树

综合运用短截、疏枝、摘心、环剥等手法，调节树势，在保证产量逐年提高的同时，逐年扩大树冠结果容积。

9.2.3 盛果树

运用疏、截、回缩相结合的手法，保持树势中庸，防止结果部位快速外移，有针对性地更新、复壮枝组。

9.2.4 衰老树

逐年合理回缩骨干枝，培养新的骨干枝。

9.3 保花保果措施

9.3.1 拉枝

萌芽前至花期前，对直立和开张角度小的骨干枝进行拉枝，拉枝后基角保持 40°～ 60°、各方向上枝条分布均匀、填补生长空间即可。对下垂枝和结果后压弯的枝向上抬高角度。

9.3.2 摘心

盛花期至幼果期进行二次枝摘心和枣吊摘心。根据方位和空间大小，二次枝留 5 ～ 8 节进行摘心。对花量大（每花序花朵数 > 5 朵）、枣吊长（枣吊长度 > 20cm）、叶片多（枣吊叶片数 > 15 片）的枣吊留 10 ～ 12 片叶摘心。木质化枣吊留 15 ～ 20 片叶摘心。

9.3.3 抹芽和疏枝

萌芽期至幼果期进行。除骨干枝延长头外，疏除全部新枣头和骨干枝上的背上枝、下垂枝、过密枝、病虫枝等。盛果期树每枣股留枣吊 2 ～ 3 个，其余全部疏除。及时抹除多余的新萌发的枣头和枣吊。

9.3.4 环剥和环割

花期进行环剥或环割，可单独使用或并用。对树龄 5 年以上、树势枝势强旺、坐果率低、肥水条件好的树体进行环剥或环割处理。环剥在骨干枝基部、留 1 ～ 2 个二次枝的光滑处进行。剥口宽度为粗度的 1/10，一般 0.5 cm 左右。对 5 年以下的幼龄树、3 年以下的幼龄枝、容易坐果的枣树只需环割处理。根据实际情况可环割 1 次或多次，直至坐果稳定为止。环剥 5 ～ 7 天后检查剥口，及时喷涂防枣黏虫等害虫的药剂。环剥 20 天左右检查剥口，愈合时间为 35 ～ 45 天。环剥和环割时全树留 1 ～ 2 个的辅养枝或骨干枝。

9.3.5 喷施保花保果剂

盛花初期和幼果膨大期（花后 3 ～ 4 周），叶面喷施 10 ～ 15 mg/kg 赤霉素和 0.3% 尿素或 0.3% 磷酸二氢钾、0.2% 硼砂水溶液。

9.3.6 喷水

花期棚内温度高于 35℃、湿度低于 60% 时，在傍晚全园进行喷水，要求喷枪雾化好、压力小，防止水冲花粉。干旱时每隔 1 ～ 2 天喷水 1 次。

9.3.7 疏果

根据强树多留，弱树少留的原则确定留果量。疏果在生理落果后进行。先反复摆动结果枝组，去掉营养不足和坐果不牢的果实，然后再疏除病虫果、畸形果、小果、重叠果、并生果以及多余的正常果，并将疏除果实带出枣园处理。

10. 破眠与升温

10.1 低温暗光破眠

日光温室于 10 月下旬到 11 月上中旬覆棚膜、盖棉被，使白天不见光，降低室内温度；夜间揭开前沿通风口，创造 0 ～ 7.2℃的低温环境，经 30 ～ 40 天即可满足其低温需冷量。

10.2 覆盖地膜

升温前日光温室地面覆盖黑色地膜，增温保湿，促进地温尽快回升至10℃以上。

10.3 升温

日光温室于12月上中旬拉苫升温，升温初期，先揭开1/3棉被，3天后再揭开1/2棉被，7～10天以后将棉被全部揭开。

11. 温湿度控制

每天日出后揭棉被采光增温，日落前盖棉被保温，延长日照时间。升温后要跟据季节、天气情况和枣树不同物候期对环境条件的要求，灵活掌握通风时间、通风口大小，以控制棚内温湿度，前期以顶部和腰部通风为主，花期通风要早，要及时，切记通风过猛，并随时注意外界气温变化，灵活掌握通风时间和通风口的大小。当外界温度接近或高出日光温室内枣树生育期所需温度时，逐渐揭开薄膜，以适应外界环境。

附表3-2　日光温室鲜食枣不同物候期温湿度控制范围

物候期	温度控制（℃）		空气相对湿度控制
	白天	夜间	
升温期	15～20	5～8	80%
催芽期	22～30	10～12	80%
抽枝展叶期	18～25	10～12	80%
花蕾形成至初花期	20～28	12～15	70%～80%
盛花期	25～32	15～18	70%～80%
果实发育期	28～33	15～18	50%～60%
果实成熟期	28～33	15～18	60%～70%

12.1　土壤管理

秋季结合施基肥深翻20～30 cm。浇水后及时中耕除草，深度5～10 cm。生长期随时铲除根蘖苗。冬灌后整理地面，覆盖地膜。

12.2　施肥管理

12.2.1 基肥

在每年枣果采收后至冬灌前施入，每亩施腐熟羊粪等农家肥3 000～

5 000 kg、生物菌肥 100 ～ 150 kg，硫酸锌和硼砂各 2 ～ 3 kg、硫酸亚铁 10 ～ 15 kg 混合后开沟施入。

12.2.2 追肥

在花前至果实膨大期追施，萌芽期亩施尿素 10 ～ 15 kg；花蕾期和幼果期亩施氮磷钾（15：15：15）复合肥 5 ～ 10 kg；硬核期施硫酸钾 5 ～ 10 kg。

12.2.3 叶面肥

在枝叶生长发育旺盛期喷施锌肥、铁肥、有机钾肥等，开花期喷施硼肥，连续喷施 3 ～ 5 次，每次相距时间 10 天左右。喷施浓度为尿素 0.3% ～ 0.5%、磷酸二氢钾 0.2% ～ 0.3%、硼砂 0.2% ～ 0.3%、硫酸亚铁 0.3% ～ 0.5%、硫酸锌 0.2% ～ 0.4%、有机钾肥 800 倍稀释溶液。

12.3 灌水管理

灌水管理要掌握前足后控、少量多次的原则。全年灌水 6 ～ 8 次，分别于升温后至萌芽前、开花前、幼果期、果实膨大期、上色期和果实采收后结合秋施基肥进行灌水，每亩灌水量 20 ～ 35 m^3，以土壤水分达到田间最大持水量的 65% ～ 70% 为宜。有条件的采用膜下滴灌，花前期可漫灌 1 次，以增加棚内湿度，结合秋施基肥可进行大水漫灌，每亩灌水量 60 ～ 80 m^3。灌溉用水应符合 GB5048—2005 的要求。

13. 病虫害防治

坚持"预防为主、综合治理"的方针，采取以物理防治为主，化学防治为辅的综合防治措施。加强栽培管理，增强树势，提高树体自身抵抗能力；休眠期做好清园工作，减少病虫源。采用化学防治时要合理交替使用高效低毒低残留农药。使用剂量、使用次数、安全间隔期按 GB/T8321.10 执行。设施枣树主要病虫害防治方法见附录 B。

14. 采收

14.1 果实质量要求

果实质量要求有毒有害物质限量按 GB2762 执行，农药残留按 GB2763 执行，鲜枣质量等级按 GB/T22345 执行。感官质量要求鲜枣果面光洁无斑痕、裂痕，大小及理化指标符合品种固有特性。

14.2 采收适期

长距离运输或短期贮存的鲜枣在着色 30% 左右时采收，现采现售的在着色 50% 左右时采收。应根据市场需求，适时分批采收。一天中的采摘时间以上午 10 时以前、下午 6 时以后采收为宜。

14.3 采收方法

采收时，要一手抓枣吊，一手拿枣果，向上轻推，带柄采收。分级后置于泡沫箱或有内衬膜的塑料筐或透气纸箱销售。长途运输时宜采用冷链运输。需要贮藏保鲜的可置 −1.5 ～ 0℃冷库条件下贮存。

15. 生产档案

在生产中应建立独立、完整的生产档案，保留 2 年以上。具体内容参见附录 C。

附录 A

（资料性附录）

鲜食枣品种

选用的鲜食枣品种见表 A.1

表 A.1　鲜食枣品种

品种名称	特　性
冬枣	极晚熟品种，是目前设施栽培面积最大的品种。该品种树势中等，树体中等大，干性中等，枝条较密，树冠呈自然半圆形。果实中等大，近圆形，平均单果重 13 g，最大单果重 23.2 g，大小均匀。果皮薄，红色，果面平滑。果肉厚、乳白色，肉质细脆酥嫩，味甜，汁液多，品质极上，适宜鲜食。鲜枣耐贮藏，普通冷藏条件下可贮藏 90 天以上。鲜枣可食率 94.1%，含可溶性固形物 38% ～ 42%，品质极上等。适应性较强。果实生育期 120 天以上。适宜矮化密植栽培，树形可采用主干型、自然开心形、纺锤形等多种树形。花期需采取喷施激素、环割环剥等促进坐果措施
蛤蟆枣	中晚熟品种，是大果型品种。该品种树势强健，树姿较直立，干性较强。枣头红褐色，托刺较发达。枣股较大，抽吊力中等，枣吊中长。果实扁柱形，平均单果重 26 g，大小较整齐。果皮薄，紫红色，果面不平滑，有明显小块瘤状隆起和紫黑色斑点。果肉厚，绿白色，肉质松脆，味甜，汁中多，品质上等。鲜枣耐贮藏，冷库条件下可保鲜 3 个月以上。鲜果含可溶性固形物 28% ～ 32%。适应性较强，较耐盐碱，结果早，产量中等，裂果轻，果实生育期 110 天左右，在光热资源丰富，温差大地区栽植，果型大，色浓，商品性好，适宜设施促成栽培
灵武长枣	宁夏灵武地方品种，鲜食质地酥脆，汁液多，果肉白绿色，可食率 94.6%。单果重 14.5 ～ 24 g，最大单果重 40 g。纵径 4.34 ～ 4.80 cm，横径 2.57 ～ 3.36 cm。在原产地露地栽培 9 月下旬至 10 月上旬成熟，温棚栽培 7 月中旬成熟。果个大，长椭圆形或圆柱形

续表 A.1

品种名称	特　性
伏脆蜜	早熟品种。该品种树势强健，树体紧凑，中等大小，树姿直立。果实中大，短圆柱形，较整齐，平均单果重 16.2 g，最大单果重 27 g。可溶性固形物含量 29.9%，品质上等。果皮紫红色，果面光亮洁净。皮薄肉细，质地酥脆，汁多味甜，鲜食品质极佳。较耐贮藏，在 −2～0℃ 条件下可保存 30 天左右。果实生育期 85 天左右。适应性强，较抗寒，抗旱，耐瘠薄，丰产，稳产。但成熟期遇雨极易裂果，适宜进行设施栽培
京枣 60	中晚熟品种。该品种树姿开张，树势中强，干性强。果实为圆锥形和卵圆形，平均单果重 25.6 g，最大 31.4 g，纵径 5.0 cm，横径 3.21 cm，果实大小整齐。成熟果实为红色至紫红色，果肉绿白色，质地酥脆，果肉中细，汁液多，风味甜，可食率 96.8%。鲜枣可溶性固形物含量 26%，总糖 18.6%，可滴定酸 0.54%，维生素 C 3.24 mg/g。果实生长时间 110 天左右。早实性强，丰产性好

附录 B

（资料性附录）

设施枣树主要病虫害防治方法

设施枣树主要病虫害防治方法见表 B.1。

表 B.1　设施枣树主要病虫害防治方法

病虫害种类	药防重点部位	防治措施	
绿盲蝽	幼芽枣股二次枝	农业防治	冬枣落叶后到萌芽前，清除果园、沟边杂草、枯枝落叶并带出园外烧毁。结合冬季修剪，剪除上年修剪留下的枯桩，收集起来烧毁
		物理防治	绿盲蝽若虫上树前和下树前，距地面 80 cm 的枣树树干中上部和主枝分叉基部，刮除老皮，并涂抹 5 cm 左右宽的闭合黏虫胶环
			成虫发生期，在枣园树行间距地面 1.5 m 处悬挂诱虫板，悬挂密度为 6 张 / 亩；在枣园树行间距地面 1.5 m 处悬挂桶型性诱捕捉器，悬挂密度为 3 个 / 亩
		化学防治	在枣树发芽前，对树体喷洒 3～5°Be 的石硫合剂，尽量喷施二次枝部位，消灭越冬卵。在若虫羽化前，选用 6% 吡虫啉 2 000 倍 + 4.5% 高效氯氰菊酯 1 500 倍混合液，1% 苦参碱 1 000 倍液，1.8% 阿维菌素乳油 1 500 倍液，95% 噻嗪酮 500 倍液。早上 10 点以前或者下午 5 点以后药剂喷施，树上树下全喷。
枣瘿蚊	幼芽嫩叶	农业防治	结合枣树冬季管理，翻挖树盘，消灭越冬虫茧。秋季在枣树下覆盖薄膜，阻止老熟幼虫入土做茧或化蛹越冬；翌年升温前，在枣树下覆盖薄膜，阻止越冬蛹羽化出土，并消灭第 1 代老熟幼虫，这样均可大大减少虫源基数
		物理防治	利用枣瘿蚊成虫趋黄特性，在枣园树行间距地面 1.5 m 处悬挂诱虫板，悬挂密度为 40 张 / 亩
		化学防治	树冠喷药防治，在幼虫危害高峰期，喷施 240 g/L 螺虫乙酯悬浮剂 6 000 倍液，或 25% 噻虫嗪水分散粒剂 7 000 倍液，或 4.5% 高效氟氯氰菊酯乳油 2 000 倍液、或 52.25% 农地乐乳油 1 500～1 800 倍液，或 48% 的毒死蜱乳油 1 200～1 500 倍液，或 50% 辛硫磷乳剂 1 000～1 500 倍液，均可取得较好防治效果

续表 B.1

病虫害种类	药防重点部位	防治措施	
山楂红蜘蛛二斑叶螨	叶片	农业防治	枣树萌芽前、刮除枝干粗翘皮，集中焚毁，消灭越冬虫源
		物理防治	在枣树萌芽期或者即将上树为害期，在树干上涂抹粘虫胶环，阻杀红蜘蛛上树为害
		化学防治	枣树萌芽前喷施 5 波美度的石硫合剂，对该虫的发生有一定的控制作用，或者 45% 石硫合剂晶体 60～80 倍液，杀灭越冬虫源。山楂叶螨喷施 1.8 阿维菌素乳油 2 500～3 000 倍液，2% 甲氨基阿维菌素苯甲酸盐乳油 3 000～4 000 倍液、15% 哒螨灵乳油 1 500～2 000 倍液、25% 三唑锡可湿性粉剂 1 500～2 000 倍液。二斑叶螨用喷施 10% 阿维·哒螨灵 2 000 倍喷雾、或 5% 噻螨酮乳油（可湿性粉剂）1 500～2 000 倍液，或 20% 四螨嗪悬浮剂 1 500～2 000 倍液，或 240 g/L 螺螨酯悬浮剂 4 000～5 000 倍液，或 5% 唑螨酯悬浮剂 1 500～3 000 倍液、或乙螨唑悬浮剂 5 000～6 000 倍液、或 95% 矿物油 200～250 倍、哒螨酮乳油 1 500～2 000 倍，10% 浏阳霉素乳油 1 000～2 000 倍液防治，5～7 天喷一次，虫口密度大可连喷 2～3 次，每隔 10～15 天喷一次
枣锈病	叶片	农业防治	合理密植，科学修剪，加强肥水管理，增强树势，提高抗病能力；雨季及时排水，防治果园潮湿，保持果园通风，透光良好。冬春季节及时清除园内杂草及落叶，集中深埋或者烧毁，消灭病菌越冬场所
		化学防治	关键在于首次喷药时间和有效药剂。一般枣区从病叶率达到 0.1% 左右时开始喷药，10～15 天一次，连续喷 4～6 次。常用治疗性药剂有 70% 甲基托布津可湿性粉剂 800～1 000 倍液、或 10% 苯醚甲环唑水分散粒剂 2 000～2 500 倍液、或 40% 腈菌唑可湿性粉剂 6 000～8 000 倍液、或 12.5% 烯唑醇可湿性粉剂 2 000～2 500 倍液、或 25% 戊唑醇水乳剂 2 000～3 000 倍液、或 15% 三唑酮可湿性粉剂 1 000～1 500 倍液、或 250 g/L 吡唑醚菌酯乳油 2 000～2 500 倍液。常用的保护剂有 80% 代森锰锌可湿性粉剂 800～1 000 倍液、或 70% 丙森锌可湿性粉剂 600～800 倍液、或 80% 代森锌可湿性粉剂 6 000～8 000 倍液、或 1∶2∶200 倍量式波尔多液。建议第一次选用治疗性杀菌剂，以后保护性杀菌剂和治疗性杀菌剂交替使用。可连喷 2～3 次，每隔 10～15 天喷一次

续表 B.1

病虫害种类	药防重点部位	防治措施	
缩果病	果实	农业防治	搞好果园卫生，在早春刮树皮，清扫落叶和落果等，予以集中深埋或烧毁。加强枣树管理，增强树势，提高树体抗病能力
		化学防治	枣树发芽前，对树体喷施 3～5 波美度的石硫合剂；从幼果期开始，每隔 7～10 天，对树冠喷施戊唑·多菌灵悬浮剂 1 000～1 200 倍液，或 1.5% 多抗霉素可湿性粉剂 300～400 倍液，或 80% 代森锰锌可湿性粉剂 800～1 000 倍液，或 50% 异菌脲可湿性粉剂 1 000～1 500 倍液，或 10% 苯醚甲环唑水分散粒剂 1 500～2 000 倍液，或 250 g/L 吡唑醚菌酯乳油 1 500～2 000 倍液、或 25% 戊唑醇水乳剂 2 000～2 500 倍液。加强对枣树害虫，特别是刺吸口器和蛀果害虫，如桃小食心虫、介壳虫、蟓象等害虫的防治，可减少伤口，有效减轻病害发生
冬枣嫩梢焦枯病	幼芽幼果	农业防治	加强肥水管理，健树壮树，做好清园工作
		化学防治	初发病时喷 25% 丙环唑 5 000 倍或 10% 戊菌唑 4 000 倍，7～10 天喷一次。发病后可采取下列方法治疗，坐果后 10～15 天喷药一次。选用 70% 甲基硫菌灵 1 000 倍 +25% 丙环唑 5 000 倍或 10% 戊菌唑 4 000 倍液或 25% 丙环唑 4 000 倍 +6% 春雷霉素 1 000 倍 +72% 农用链霉素 1 500 倍液全园喷雾，25% 丙环唑 300 倍 +1.8% 辛菌胺 200 倍涂抹
枣炭疽病	枣果	农业防治	搞好果园卫生，清扫枣园中的枯枝、落叶、烂枣，并集中烧毁或掩埋，以减少越冬病源。加强枣园管理，增强树势，提高树体抗病能力
		化学防治	喷施 1：2：200 倍量式波尔多液、或 70 甲基托布津可湿性粉剂 800～1 000 倍液、或 50% 多菌灵可湿性粉剂 800～1 000 倍液，或 450 g/L 咪鲜胺乳油 1 500～2 000 倍液、或 250 g/L 吡唑醚菌酯乳油 1 500～2 000 倍液、或 10% 苯醚甲环唑水分散粒剂 2 000～3 000 倍液、或 25% 溴菌清可湿性粉剂 600～800 倍液，10～15 天喷一次，连喷 2～3 次

续表 B.1

病虫害种类	药防重点部位	防治措施	
冬枣花霉病	叶片花蕾	农业防治	阴雨天持续封棚保温时,注意择时放风排湿,避免积露或缩短积露时间。花前浇水提早到开花前半月进行,最好沟灌,忌大水漫灌,控制棚内湿度
		化学防治	用 67% 吡唑醚菌酯·丙森锌水分散粒剂 1 500 倍液、或嘧胺·乙霉威 26% 水分散粒剂、或 50% 扑海因 1 000 倍液、或 50% 异菌脲悬浮剂 1 000 倍液、或 40% 嘧霉胺悬乳剂 1 000 倍液等
冬枣红皮病	主干枣头枝	农业防治	以健康栽培为主,努力培养树势,提高树体的抗冻、抗病能力;适当调整肥料养分的配比,特别是晚秋期间,尽量减少氮肥的使用量,降低树体营养生长过旺的现象,便于树体养分的回流积累,使枣树越冬前能够正常落黄,较好的完成后期的养分回流,提高树体抵抗自然灾害的能力
		化学防治	发病前预防,在每年的 3 月和 10 月份用 22.5% 啶氧菌酯 1 000 倍主干喷施。 发病初期治疗方法:可用福星 500 倍涂抹枝干、剪锯口或发病部位。刮除病皮,用 46% 氢氧化铜 1 000 倍 +22.5% 啶氧菌酯 500 倍涂抹病疤。或者 25% 氟硅唑水乳剂 200 倍 +2% 春雷霉 50 倍 +2% 氨基寡糖素 20 倍涂抹,严重的可直接修剪掉,带出枣园焚烧销毁

附录 C

（资料性附录）

沙地鲜食枣日光温室栽培情况登记表

表 C.1 给出了沙地鲜食枣日光温室栽培需要登记的内容。

表 C.1　沙地鲜食枣日光温室栽培情况登记表

园主情况	姓名		地址			电话			
	建园时间		设施类型		设施面积		土壤类型		
	品种		数量		株行距		灌溉方式		
	温度湿度管理	物候期	时间段（　　年）		温度范围 /℃		湿度范围 /%		
		休眠期	月　日～　月　日						
		萌芽期	月　日～　月　日						
		花期	月　日～　月　日						
		膨大期	月　日～　月　日						
		脆熟期	月　日～　月　日						
	整形修剪	树形		树高		主要措施			
	花期管理	开甲情况		植物调节剂使用情况			追肥情况		
	土肥水管理	土壤管理	间作情况		中耕次数		根蘖多少		
		施肥	施肥时期			施肥种类			
			施肥量			施肥方式			
		灌水	灌水时间			灌水方式			
	病虫害情况	病虫种类		发生时间		症状表现		防控措施	
	采收情况		采收时间	月　日～　月　日		平均产量			
投入情况（元）	农膜	肥料	农药	水电费	劳务费	苗木	其他	合计	
收入情况（元）	产值				净收益				